분수의 발견

곱셈과 나눗셈

최수일
개념연결 수학교육연구소
지음

비아에듀
ViaEducation **Ⅱ**

분수의 발견 곱셈과 나눗셈

지은이 | 최수일, 개념연결 수학교육연구소

초판 1쇄 인쇄일 2022년 5월 6일
초판 1쇄 발행일 2022년 5월 16일

발행인 | 한상준
편집 | 김민정·강탁준·손지원·송승민·최정휴·정수림
삽화 | 홍카툰
디자인 | 조경규·김경희·이우현
마케팅 | 이상민·주영상
관리 | 양은진

발행처 | 비아에듀(ViaEdu Publisher)
출판등록 | 제313-2007-218호(2007년 11월 2일)
주소 | 서울시 마포구 월드컵북로 6길 97(연남동 567-40) 2층
전화 | 02-334-6123 전자우편 | crm@viabook.kr
홈페이지 | viabook.kr

ⓒ 최수일, 개념연결 수학교육연구소, 2022
ISBN 979-11-91019-72-8 64410
ISBN 979-11-91019-61-2 (세트)

분수의 나눗셈은 나누는 분수의 분자와 분모를 뒤집어 곱하는 것 아닌가요?

맞습니다! 분수의 나눗셈은 무조건 나누는 분수의 분자와 분모를 뒤집어 곱한다는 공식이 있습니다. 하지만 왜 나누는 분수의 분자와 분모를 뒤집어 곱할까요? 이 질문에 답하지 못한다면 분수의 나눗셈을 제대로 안다고 볼 수 없습니다. 분수의 나눗셈은 여러 가지 방법으로 해결할 수 있습니다. 이것을 공부하는 것이 필요합니다.

개념을 연결한다고요?

모든 수학 개념은 연결되어 있답니다. 그래서 분수의 곱셈과 나눗셈이 이전의 어떤 개념과 연결되는지를 알면 분수의 곱셈과 나눗셈의 거의 모든 것을 아는 것과 다름없습니다. 분수가 무엇인지 정확히 알면 거기에 분수의 곱셈과 나눗셈을 연결할 수 있습니다. 또한 분수의 나눗셈은 분수의 곱셈을 통해서 해결됩니다. 그래서 이 책은 5학년의 분수의 곱셈과 6학년의 분수의 나눗셈을 통합적으로 볼 수 있는 안목을 길러 줄 것입니다. 개념이 연결되면 학년 구분 없이 고학년 수학까지 도전해 볼 수 있습니다.

설명해 보세요

수학을 이해했다는 증거는 간단히 찾을 수 있습니다. 다른 사람에게 설명해 보면 알수 있지요. 술술~ 설명할 수 있으면 이해한 것입니다. 그래서 매 주제마다 설명하기 코너를 마련했습니다. 해당 주제에서 배운 대표적인 내용을 한 문제에 담았습니다. 연산 문제를 모두 해결했더라도 '설명해 보세요'에서 요구하는 설명을 하지 못하면 아직 이해한 것이 아닙니다. 다양한 방법으로 설명해 보도록 구성했으니 한 가지 답만 내면 그만이라는 생각을 버리고 꼭 설명을 해 보기 바랍니다.

2022년 5월

최수일

분수의 발견 곱셈과 나눗셈

개념의 뜻 이해하기

개념의 뜻은 정의라고 합니다.
'30초 개념'을 통해 개념의 뜻을 정확하게 이해해야 합니다.
그리고 이전에 학습한 내용을 기억하며
개념을 연결하는 습관을 길러 봅시다.

기억해 볼까요?

이전에 학습한 내용을
다시 확인해 볼 수 있어요.
지금 배울 단계와
어떻게 연결되는지 생각하면서
문제를 해결해 보세요.

01 약수와 배수의 관계

- 3-1-3 나눗셈 (곱셈과 나눗셈의 관계)
- 5-1-2 약수와 배수 (약수와 배수의 관계)
- 5-1-2 약수와 배수 (공약수와 공배수)

기억해 볼까요?

곱셈식을 보고 나눗셈을 완성하세요.

$$3 \times 5 = 15 \quad \begin{array}{l} 15 \div \square = \square \\ 15 \div \square = \square \end{array}$$

개념연결

현재 학습하는 개념이
앞뒤로 어떻게
연결되는지 알 수 있어요.
자기주도적으로
복습 혹은 예습을
할 수 있게 도와줘요.

30초 개념

- 약수: 어떤 수를 나누어떨어지게 하는 수

  $$6 \div 1 = 6 \quad 6 \div 2 = 3 \quad 6 \div 3 = 2 \quad 6 \div 6 = 1$$

  └ 6을 나누어 떨어지게 하는 수를 6의 약수라고 합니다. 1, 2, 3, 6은 6의 약수입니다.

- 배수: 어떤 수를 1배, 2배, 3배 …… 한 수

  4를 1배 한 수는 4입니다. → $4 \times 1 = 4$
  4를 2배 한 수는 8입니다. → $4 \times 2 = 8$
  4를 3배 한 수는 12입니다. → $4 \times 3 = 12$

  └ 4를 1배, 2배, 3배 …… 한 수를 4의 배수라고 합니다. 4, 8, 12 ……는 4의 배수입니다.

○ 약수와 배수의 관계

$$12 = 1 \times 12 \quad 12 = 2 \times 6 \quad 12 = 3 \times 4$$

➡ 12는 1, 2, 3, 4, 6, 12의 배수입니다.
└ 자기 자신도 가장 작은 배수입니다.
➡ 1, 2, 3, 4, 6, 12는 12의 약수입니다.
└ 1은 모든 수의 약수입니다.

30초 개념

교과서에 나와 있는 개념을 바탕으로
핵심 개념만 추려 정리했어요.
짧은 시간에 개념을 이해하는 데
도움이 돼요.

30초 개념에서 이해한 개념은 꾸준한 연습을 통해 내 것으로 익히는 것이 중요합니다.
필수 연습문제로 기본 개념을 튼튼하게 만들 수 있어요.

개념 익히기

30초 개념에서 다루었던 개념이
적용된 필수 문제입니다.
차근차근 문제를 풀다 보면
기본 개념을 익힐 수 있어요.

개념 익히기   월   일 ☆☆☆☆☆

🖐 ☐ 안에 알맞은 수를 써넣고 약수를 구하세요.

① $27 \div \boxed{} = 27 \quad 27 \div \boxed{} = 9$
    $27 \div \boxed{} = 3 \quad 27 \div \boxed{} = 1$

27의 약수
➡ (   )

② $35 \div \boxed{} = 35 \quad 35 \div \boxed{} = 7$
    $35 \div \boxed{} = 5 \quad 35 \div \boxed{} = 1$

35의 약수
➡ (

③ $28 \div \boxed{} = 28 \quad 28 \div \boxed{} = 14$
    $28 \div \boxed{} = 7 \quad 28 \div \boxed{} = 4$
    $28 \div \boxed{} = 2 \quad 28 \div \boxed{} = 1$

28의 약수
➡ (   )

④ $50 \div \boxed{} = 50 \quad 50 \div \boxed{}$
    $50 \div \boxed{} = 10 \quad 50 \div \boxed{}$
    $50 \div \boxed{} = 2 \quad 50 \div \boxed{}$

50의 약수
➡ (

🖐 배수를 가장 작은 수부터 4개 쓰세요.

⑤ 6 ➡ _____
⑥ 11 ➡ _____
⑦ 15 ➡ _____
⑧ 18 ➡ _____
⑨ 23 ➡ _____
⑩ 30 ➡ _____

월/일/☆☆☆☆☆

수학은 매일 꾸준히
학습하는 것이 중요해요.
시간제한이 없는 대신
스스로 성취도를
별☆로 표시합니다.
문제를 80%이상 맞혔으면
다음 페이지로 넘어가고,
그러지 못했다면 30초 개념을
다시 읽어 보세요.
빨리 푸는 것보다
정확히 푸는 것이 중요해요.

필수 연습문제를 해결하며 내 것으로 만든 개념은 반복 훈련을 통해 다지고,
다른 사람에게 설명하는 경험을 통해 완전히 체화할 수 있어요.

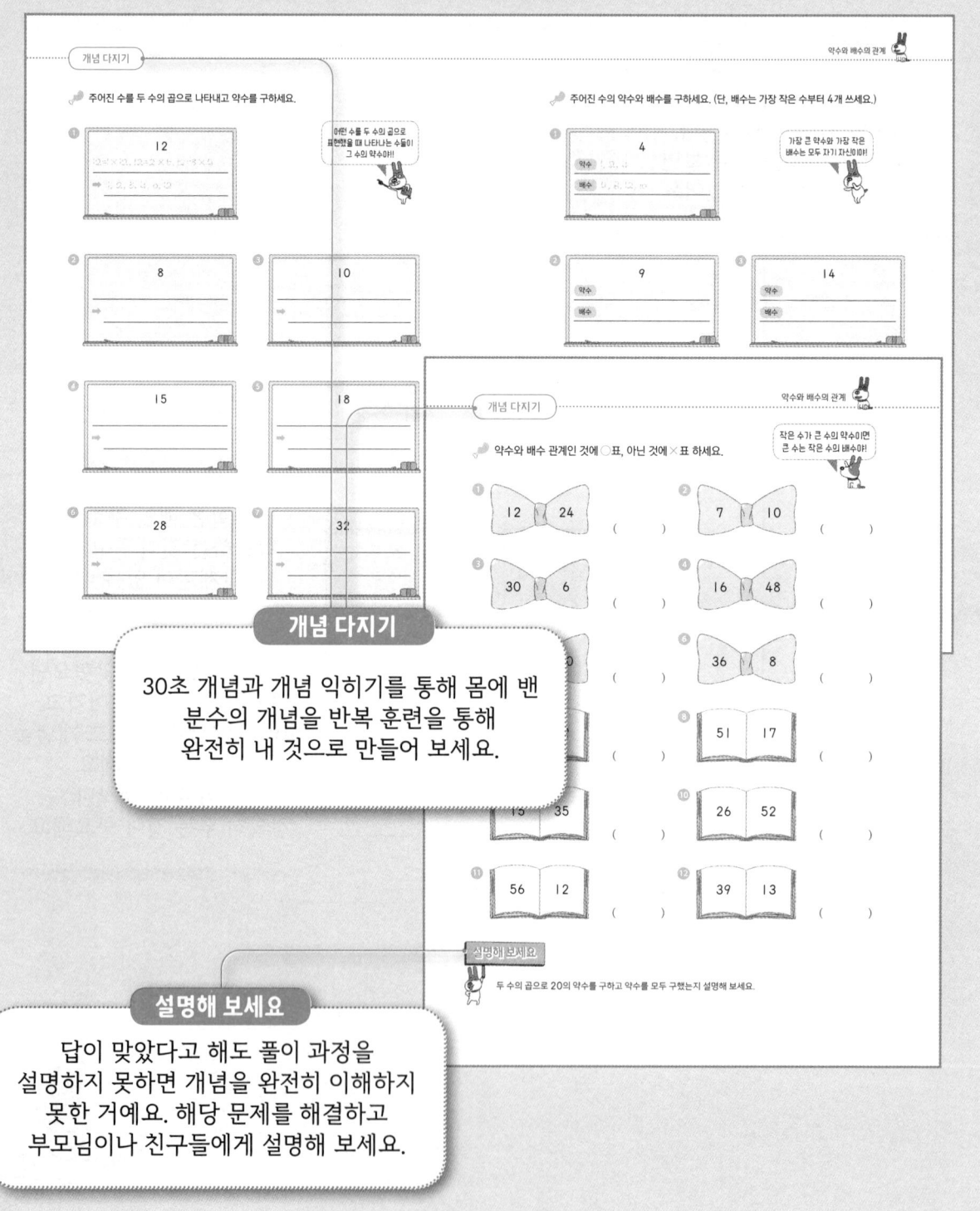

개념 다지기

30초 개념과 개념 익히기를 통해 몸에 밴
분수의 개념을 반복 훈련을 통해
완전히 내 것으로 만들어 보세요.

설명해 보세요

답이 맞았다고 해도 풀이 과정을
설명하지 못하면 개념을 완전히 이해하지
못한 거예요. 해당 문제를 해결하고
부모님이나 친구들에게 설명해 보세요.

다양한 형태의 문제를 풀어 보는 연습이 중요해요.

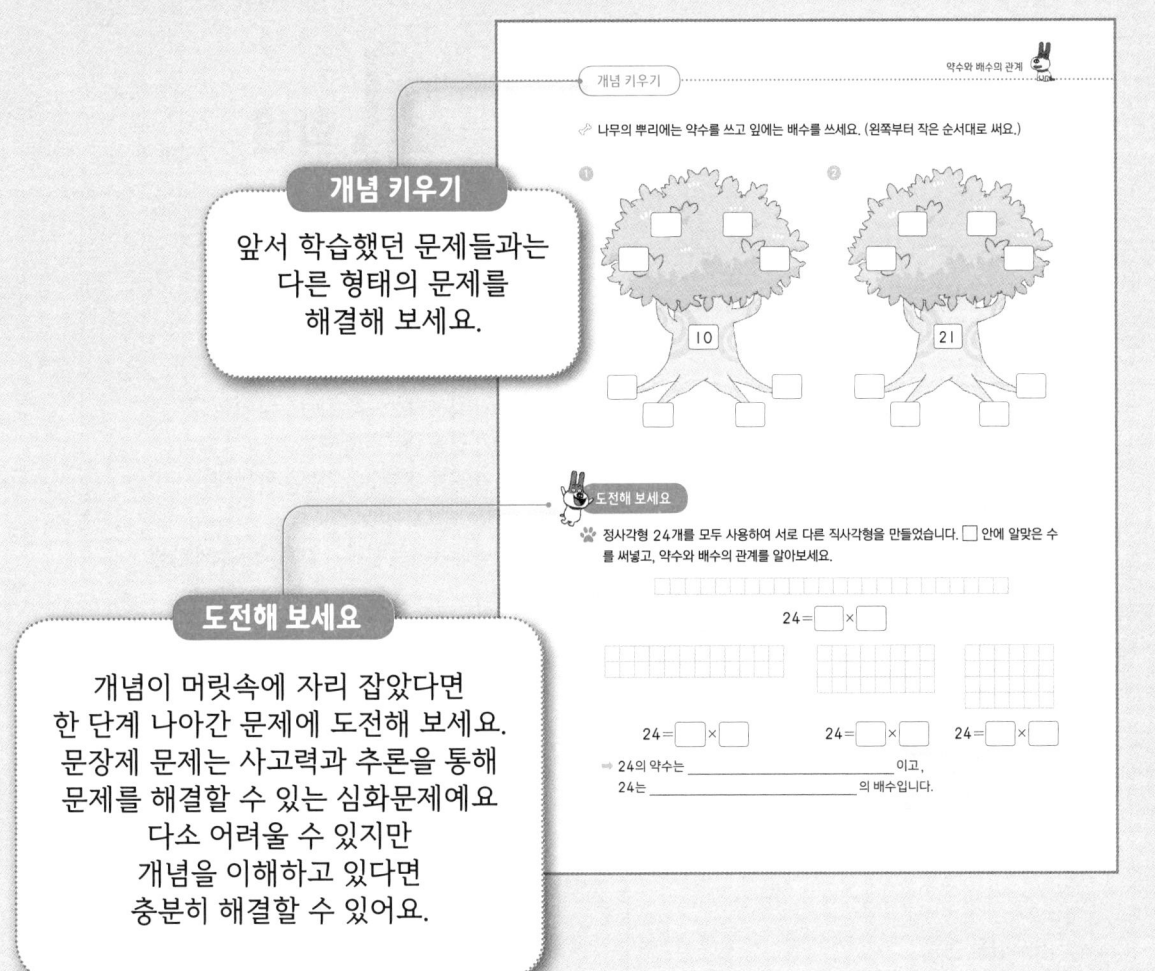

개념 키우기

앞서 학습했던 문제들과는
다른 형태의 문제를
해결해 보세요.

도전해 보세요

개념이 머릿속에 자리 잡았다면
한 단계 나아간 문제에 도전해 보세요.
문장제 문제는 사고력과 추론을 통해
문제를 해결할 수 있는 심화문제예요.
다소 어려울 수 있지만
개념을 이해하고 있다면
충분히 해결할 수 있어요.

'분수의 발견_곱셈과 나눗셈'에서는
초등 5학년 1학기 '약수와 배수의 개념'부터 6학년 2학기 '분수의 나눗셈'까지
분수의 곱셈과 나눗셈에 관한 모든 것의 개념을 연결했습니다.
18차시로 구성되어 있는 '분수의 발견_곱셈과 나눗셈'으로
초등 분수의 기초를 다지고 중학교 수학을 준비하세요.

초등학교에서 배우는 분수

3학년

분수와 소수
- 똑같이 나누기
- 분수 알기와 분수만큼 나타내기
- 분모가 같은 분수의 크기 비교
- 단위분수의 크기 비교

분수
- 분수로 나타내기
- 분수만큼은 얼마인지 구하기
- 진분수, 가분수, 대분수 알기
- 대분수를 가분수로 가분수를 대분수로 나타내기
- 분모가 같은 분수의 크기 비교

4학년

분수의 덧셈과 뺄셈
- 분모가 같은 진분수의 덧셈
- 분모가 같은 진분수의 뺄셈
- 1−(진분수)
- 분모가 같은 대분수의 덧셈
- 분모가 같은 대분수와 가분수의 덧셈
- 분모가 같은 대분수의 뺄셈
- 분모가 같은 대분수와 가분수의 뺄셈
- (자연수)−(대분수)
- 받아내림이 있는 분모가 같은 대분수의 뺄셈

5학년

약분과 통분
- 크기가 같은 분수
- 약분과 기약분수
- 통분과 공통분모
- 분모가 다른 분수의 크기 비교

분수의 덧셈과 뺄셈
- 분모가 다른 진분수의 덧셈
- 분모가 다른 대분수의 덧셈
- 분모가 다른 진분수의 뺄셈
- 분모가 다른 대분수의 뺄셈
- 받아내림이 있는 분모가 다른 대분수의 뺄셈

분수의 곱셈
- (분수) × (자연수), (자연수) × (분수)
- 진분수의 곱셈
- 여러 가지 분수의 곱셈

6학년

분수의 나눗셈
- (자연수) ÷ (자연수)
- (진분수) ÷ (자연수)
- (대분수) ÷ (자연수)

분수의 나눗셈
- 분모가 같은 분수의 나눗셈
- 분모가 다른 분수의 나눗셈
- (자연수) ÷ (분수)
- (분수) ÷ (분수)를 (분수) × (분수)로 나타내기
- (분수) ÷ (분수)를 계산하기

영 역 별 연 산

분수의 발견 곱셈과 나눗셈   차 례

(1장) 분수의 곱셈

(2장) 분수의 나눗셈

권 장 진 도 표

4, 5학년 18일 진도		6학년 10일 진도
01	1일 차	01~03
02	2일 차	04~06
03	3일 차	07~09
04	4일 차	10~12
05	5일 차	13
06	6일 차	14
07	7일 차	15
08	8일 차	16
09	9일 차	17
10	10일 차	18
11	11일 차	
12	12일 차	
13	13일 차	
14	14일 차	
15	15일 차	
16	16일 차	
17	17일 차	
18	18일 차	

1장 분수의 곱셈

 **무엇을 배우나요?**

- 크기가 같은 분수를 알고, 분모와 분자에 0이 아닌 같은 수를 곱하거나 나누어 크기가 같은 분수를 만들 수 있어요.
- 약분을 이해하며 분수를 약분하고, 통분을 이해하며 통분할 수 있어요.
- 분모가 다른 분수의 크기를 비교할 수 있어요.
- (분수) × (자연수), (자연수) × (분수)의 계산 원리를 이해하고 계산할 수 있어요.
- (진분수) × (진분수), (대분수) × (대분수)의 계산 원리를 이해하고 계산할 수 있어요.

4-2-1

분수

분모가 같은 분수의 덧셈

분모가 같은 분수의 뺄셈

1-(진분수)

(자연수)-(대분수)

5-1-4

약분과 통분

크기가 같은 분수 알기

분수를 간단하게 나타내기 (약분)

통분 알기

분수의 크기 비교

5-2-2

분수의 곱셈

(분수)×(자연수)

(자연수)×(분수)

진분수의 곱셈

여러 가지 분수의 곱셈

6-1-1

분수의 나눗셈

(자연수)÷(자연수)의 몫을 분수로 나타내기

(분수)÷(자연수)를 분수의 곱셈으로 나타내기

(대분수)÷(자연수)

6-2-1

분수의 나눗셈

(분수)÷(분수) 알기

(자연수)÷(분수)

(분수)÷(분수)를 (분수)×(분수)로 나타내기

(분수)÷(분수) 계산하기

1장	초등 4, 5학년(18일 진도)	초등 6학년(10일 진도)
분수의 곱셈	하루 한 단계씩 공부해요	하루 세 단계씩 공부해요

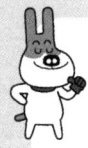

권장 진도표에 맞춰 공부하고, 공부한 단계에 해당하는 조각에 색칠하세요.

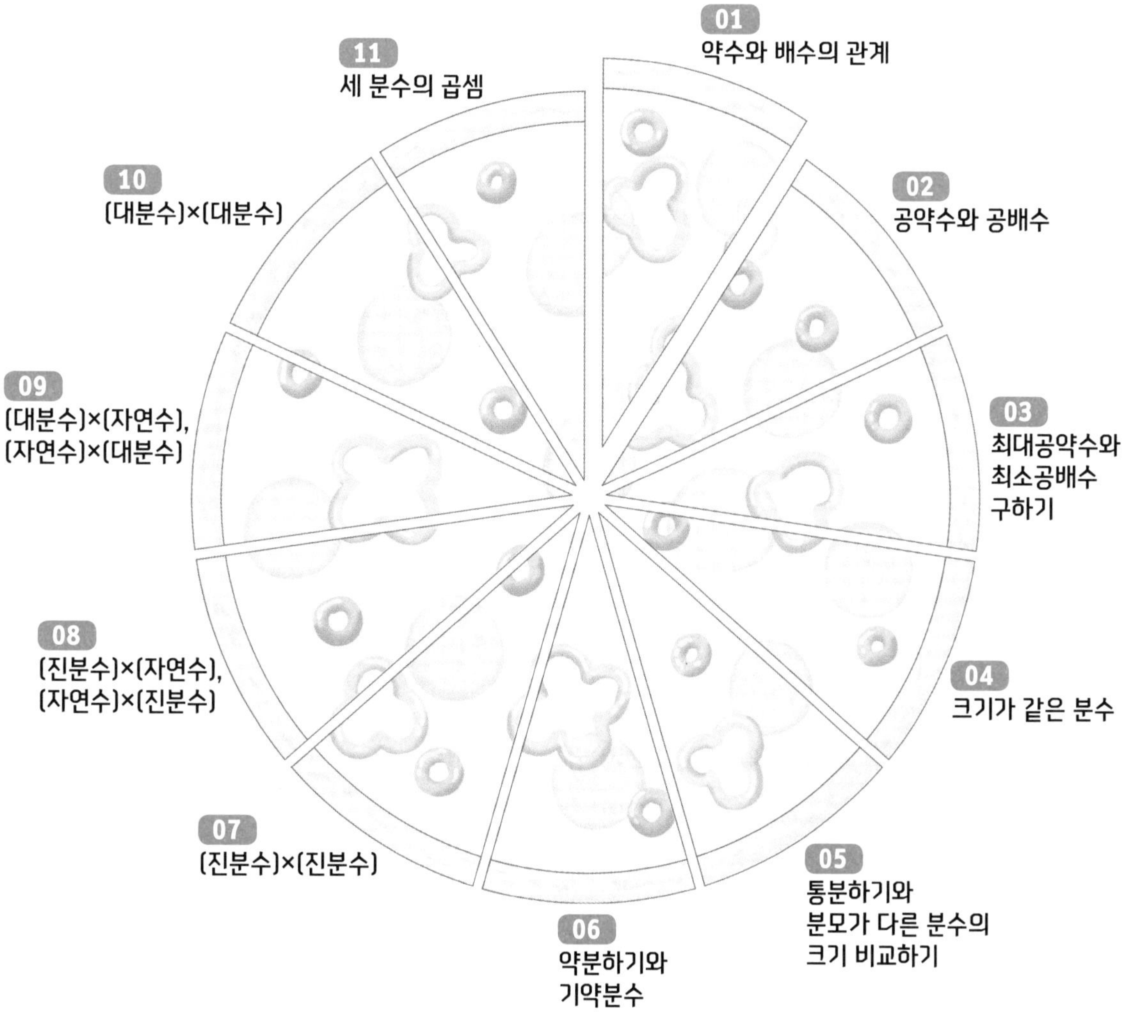

01 약수와 배수의 관계
02 공약수와 공배수
03 최대공약수와 최소공배수 구하기
04 크기가 같은 분수
05 통분하기와 분모가 다른 분수의 크기 비교하기
06 약분하기와 기약분수
07 (진분수)×(진분수)
08 (진분수)×(자연수), (자연수)×(진분수)
09 (대분수)×(자연수), (자연수)×(대분수)
10 (대분수)×(대분수)
11 세 분수의 곱셈

기억해 볼까요?

곱셈식을 보고 나눗셈을 완성하세요.

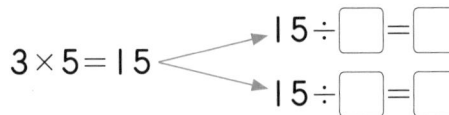

$$3 \times 5 = 15$$

$$15 \div \square = \square$$
$$15 \div \square = \square$$

30초 개념

- 약수: 어떤 수를 나누어떨어지게 하는 수

$$6 \div 1 = 6 \qquad 6 \div 2 = 3 \qquad 6 \div 3 = 2 \qquad 6 \div 6 = 1$$

└→ 6을 나누어떨어지게 하는 수를 6의 약수라고 합니다.
1, 2, 3, 6은 6의 약수입니다.

- 배수: 어떤 수를 1배, 2배, 3배 …… 한 수

4를 1배 한 수는 4입니다. ➡ $4 \times 1 = 4$

4를 2배 한 수는 8입니다. ➡ $4 \times 2 = 8$

4를 3배 한 수는 12입니다. ➡ $4 \times 3 = 12$

→ 4를 1배, 2배, 3배 …… 한 수를
4의 배수라고 합니다.
4, 8, 12 ……는 4의 배수입니다.

◎ 약수와 배수의 관계

$$12 = 1 \times 12 \qquad 12 = 2 \times 6 \qquad 12 = 3 \times 4$$

➡ 12는 1, 2, 3, 4, 6, 12의 배수입니다.

→ 자기 자신도 가장 작은 배수입니다.

➡ 1, 2, 3, 4, 6, 12는 12의 약수입니다.

└→ 1은 모든 수의 약수입니다.

1은 모든 수의 약수예요.
꼭 기억해요.

🍗 ▢ 안에 알맞은 수를 써넣고 약수를 구하세요.

1
$$27 \div \boxed{1} = 27 \quad 27 \div \boxed{3} = 9$$
$$27 \div \boxed{9} = 3 \quad 27 \div \boxed{27} = 1$$

27의 약수
➡ (　　　　1, 3, 9, 27　　　　)

2
$$35 \div \boxed{} = 35 \quad 35 \div \boxed{} = 7$$
$$35 \div \boxed{} = 5 \quad 35 \div \boxed{} = 1$$

35의 약수
➡ (　　　　　　　　　　)

3
$$28 \div \boxed{} = 28 \quad 28 \div \boxed{} = 14$$
$$28 \div \boxed{} = 7 \quad 28 \div \boxed{} = 4$$
$$28 \div \boxed{} = 2 \quad 28 \div \boxed{} = 1$$

28의 약수
➡ (　　　　　　　　　　)

4
$$50 \div \boxed{} = 50 \quad 50 \div \boxed{} = 25$$
$$50 \div \boxed{} = 10 \quad 50 \div \boxed{} = 5$$
$$50 \div \boxed{} = 2 \quad 50 \div \boxed{} = 1$$

50의 약수
➡ (　　　　　　　　　　)

🍗 배수를 가장 작은 수부터 4개 쓰세요.

5 6 ➡ 　6, 12, 18, 24　

6 11 ➡ _____

7 15 ➡ _____

8 18 ➡ _____

9 23 ➡ _____

10 30 ➡ _____

주어진 수를 두 수의 곱으로 나타내고 약수를 구하세요.

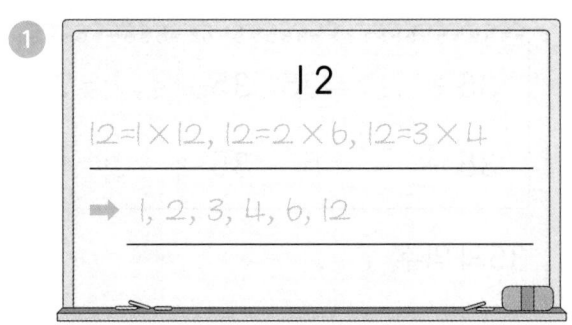

1

12

12=1×12, 12=2×6, 12=3×4

➡ 1, 2, 3, 4, 6, 12

어떤 수를 두 수의 곱으로 표현했을 때 나타나는 수들이 그 수의 약수야!!

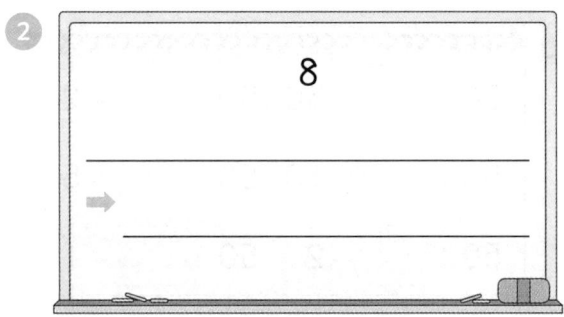

2

8

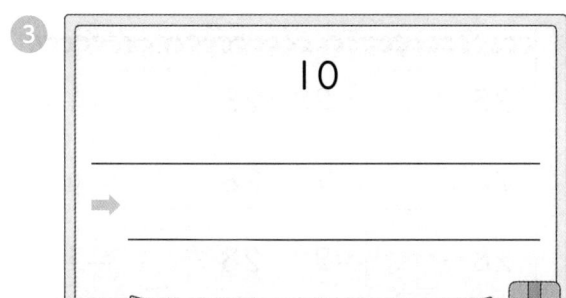

3

10

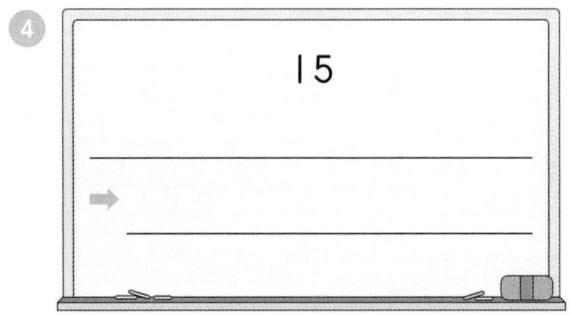

4

15

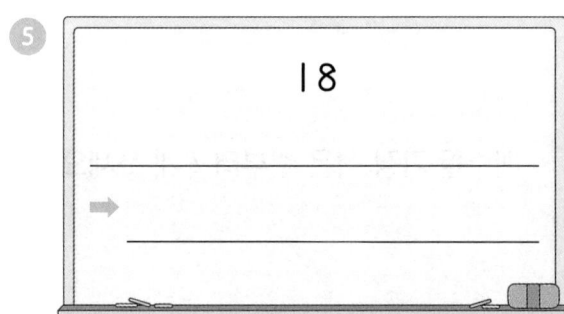

5

18

6

28

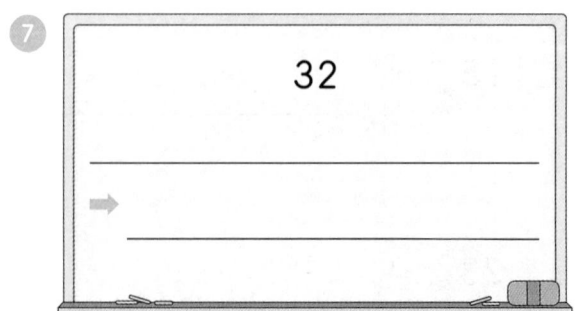

7

32

주어진 수의 약수와 배수를 구하세요. (단, 배수는 가장 작은 수부터 4개 써요.)

1

4

약수 1, 2, 4

배수 4, 8, 12, 16

가장 큰 약수와 가장 작은 배수는 모두 자기 자신이야!

2

9

약수

배수

3

14

약수

배수

4

16

약수

배수

5

20

약수

배수

6

25

약수

배수

7

36

약수

배수

개념 다지기

🦴 약수와 배수 관계인 것에 ○표, 아닌 것에 ×표 하세요.

작은 수가 큰 수의 약수이면
큰 수는 작은 수의 배수야!

① 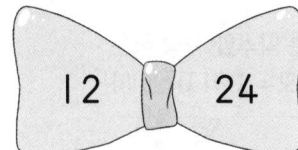 12 24   (   )

② 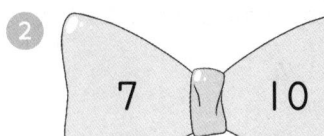 7 10   (   )

③ 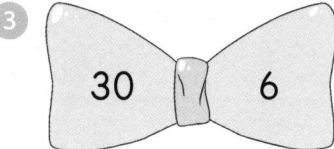 30 6   (   )

④  16 48   (   )

⑤ 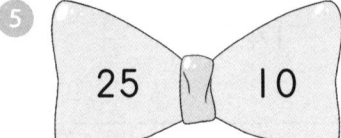 25 10   (   )

⑥  36 8   (   )

⑦ 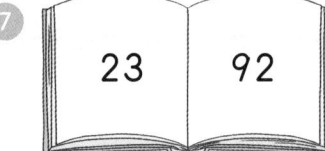 23 92   (   )

⑧ 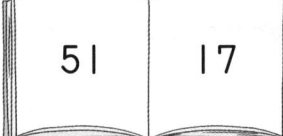 51 17   (   )

⑨  15 35   (   )

⑩ 26 52   (   )

⑪ 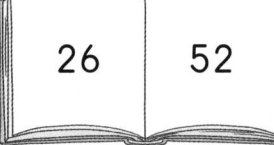 56 12   (   )

⑫ 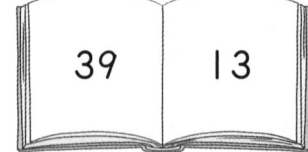 39 13   (   )

설명해 보세요

두 수의 곱으로 20의 약수를 구하고 약수를 모두 구했는지 설명해 보세요.

🦴 나무의 뿌리에는 약수를 쓰고 잎에는 배수를 쓰세요. (왼쪽부터 작은 순서대로 써요.)

❶

❷

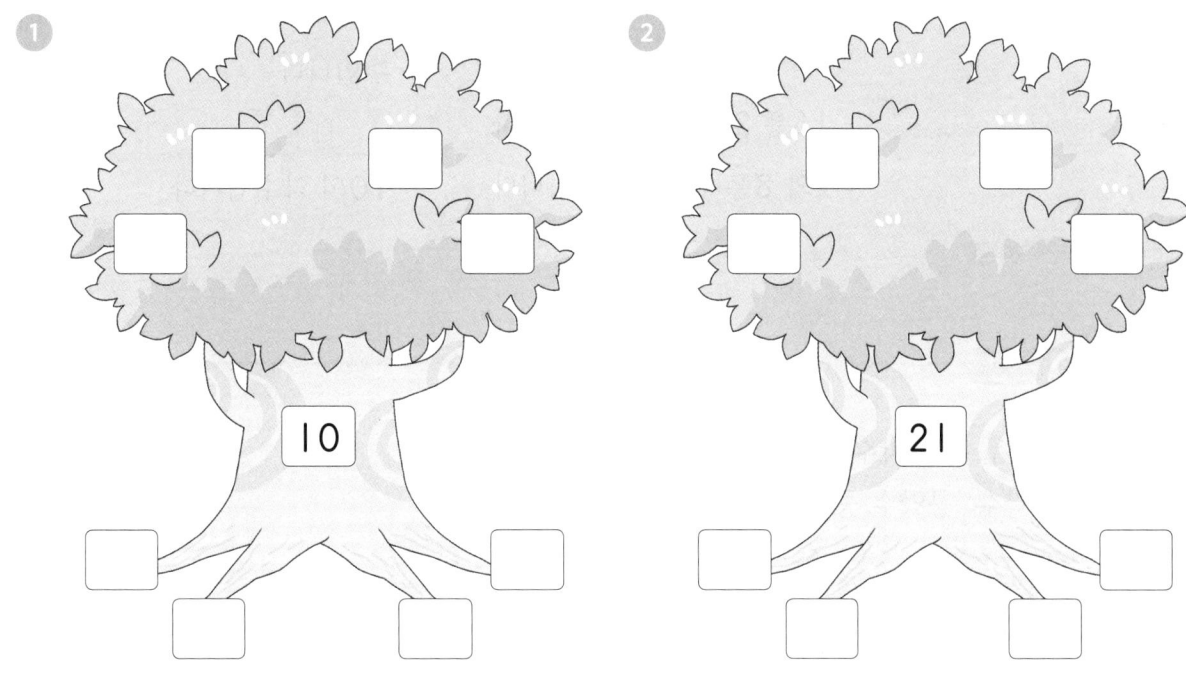

도전해 보세요

🐾 정사각형 24개를 모두 사용하여 서로 다른 직사각형을 만들었습니다. ☐ 안에 알맞은 수를 써넣고, 약수와 배수의 관계를 알아보세요.

$24 = \boxed{} \times \boxed{}$

$24 = \boxed{} \times \boxed{}$ $24 = \boxed{} \times \boxed{}$ $24 = \boxed{} \times \boxed{}$

➡ 24의 약수는 _____ 이고,

24는 _____ 의 배수입니다.

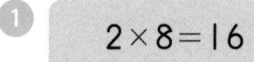 기억해 볼까요?

1

$$2 \times 8 = 16$$

┌ 16은 2와 8의 ☐ 입니다.
└ 2와 8은 16의 ☐ 입니다.

2 49는 ☐, ☐, ☐의 배수입니다.

3 ☐, ☐, ☐, ☐ 은 10의 약수입니다.

30초 개념

- 공약수: 두 수의 약수 중에서 공통된 수
- 최대공약수: 공약수 중에서 가장 큰 수

🎯 12와 18의 공약수와 최대공약수 구하기

12의 약수: **1**, **2**, **3**, 4, **6**, 12 ┐
18의 약수: **1**, **2**, **3**, **6**, 9, 18 ┘ ▶ 1, 2, 3, 6이 공통된 약수입니다.

➡ 12와 18의 공약수: 1, 2, 3, **6**

12와 18의 최대공약수: **6** ◀ ─ 공약수 중 가장 큰 수

- 공배수: 두 수의 배수 중에서 공통된 수
- 최소공배수: 공배수 중에서 가장 작은 수

🎯 2와 3의 공배수와 최소공배수 구하기

2의 배수: 2, 4, **6**, 8, 10, **12**, 14, 16, **18** ······ ┐ ▶ 6, 12, 18······이
3의 배수: 3, **6**, 9, **12**, 15, **18** ······ ┘ 공통된 배수입니다.

➡ 2와 3의 공배수: **6**, 12, 18······
                    └ 공배수 중 가장 작은 수
2와 3의 최소공배수: **6**

 공약수는 최대공약수의 약수이고, 공배수는 최소공배수의 배수예요!

🍗 두 수의 공약수와 최대공약수를 구하세요.

두 수의 약수를 각각 구하고 공통된 수를 모두 찾아요.

1 (6, 8)

6의 약수	1, 2, 3, 6
8의 약수	1, 2, 4, 8

공약수: 1, 2

최대공약수: 2

공통된 약수 중 가장 큰 수를 찾아요.

2 (15, 25)

15의 약수	
25의 약수	

공약수: _____

최대공약수: _____

3 (24, 36)

24의 약수	
36의 약수	

공약수: _____

최대공약수: _____

🍗 두 수의 공배수와 최소공배수를 구하세요. (단, 공배수는 가장 작은 수부터 2개 써요.)

배수는 어떤 수에 1배, 2배, 3배 …… 한 수예요. 가장 작은 배수는 자기 자신이에요.

4 (4, 6)

4의 배수	4, 8, 12, 16, 20, 24 …
6의 배수	6, 12, 18, 24 …

공배수: 12, 24

최소공배수: 12

4의 배수도 되고 6의 배수도 되는 수를 찾아요.

5 (5, 20)

5의 배수	
20의 배수	

공배수: _____

최소공배수: _____

6 (12, 16)

12의 배수	
16의 배수	

공배수: _____

최소공배수: _____

🦴 두 수의 공약수와 최대공약수를 구하세요.

1

12의 약수: _____

18의 약수: _____

12와 18의 공약수: _____

12와 18의 최대공약수: _____

2

14의 약수: _____

21의 약수: _____

14와 21의 공약수: _____

14와 21의 최대공약수: _____

3

25의 약수: _____

40의 약수: _____

25와 40의 공약수: _____

25와 40의 최대공약수: _____

4

81의 약수: _____

63의 약수: _____

81과 63의 공약수: _____

81과 63의 최대공약수: _____

🦴 두 수의 공배수와 최소공배수를 구하세요. (단, 공배수는 가장 작은 수부터 2개 써요.)

5

4의 배수: _____

8의 배수: _____

4와 8의 공배수: _____

4와 8의 최소공배수: _____

6

16의 배수: _____

24의 배수: _____

16과 24의 공배수: _____

16과 24의 최소공배수: _____

7

22의 배수: _____

33의 배수: _____

22와 33의 공배수: _____

22와 33의 최소공배수: _____

8

13의 배수: _____

39의 배수: _____

13과 39의 공배수: _____

13과 39의 최소공배수: _____

두 수의 공약수와 최대공약수를 구하세요.

① (5, 15)

공약수: _____

최대공약수: _____

② (21, 14)

공약수: _____

최대공약수: _____

③ (12, 24)

공약수: _____

최대공약수: _____

④ (16, 20)

공약수: _____

최대공약수: _____

⑤ (42, 54)

공약수: _____

최대공약수: _____

⑥ (27, 40)

공약수: _____

최대공약수: _____

⑦ (50, 25)

공약수: _____

최대공약수: _____

⑧ (49, 63)

공약수: _____

최대공약수: _____

⑨ (33, 121)

공약수: _____

최대공약수: _____

⑩ (46, 92)

공약수: _____

최대공약수: _____

개념 다지기

🦴 두 수의 공배수와 최소공배수를 구하세요. (단, 공배수는 가장 작은 수부터 3개 써요.)

① (2, 5)

공배수: _____

최소공배수: _____

② (4, 10)

공배수: _____

최소공배수: _____

③ (8, 12)

공배수: _____

최소공배수: _____

④ (6, 18)

공배수: _____

최소공배수: _____

⑤ (20, 30)

공배수: _____

최소공배수: _____

⑥ (15, 32)

공배수: _____

최소공배수: _____

⑦ (16, 48)

공배수: _____

최소공배수: _____

⑧ (18, 30)

공배수: _____

최소공배수: _____

⑨ (26, 65)

공배수: _____

최소공배수: _____

⑩ (42, 84)

공배수: _____

최소공배수: _____

설명해 보세요

2와 3의 최대공약수와 최소공배수를 구하고 그 과정을 설명해 보세요.

개념 키우기

두 수의 공배수와 공약수를 구하세요. (단, 공배수는 가장 작은 수부터 3개 써요.)

①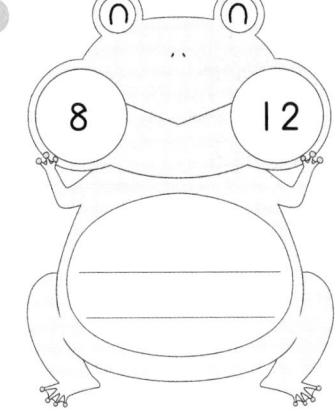

8   12

②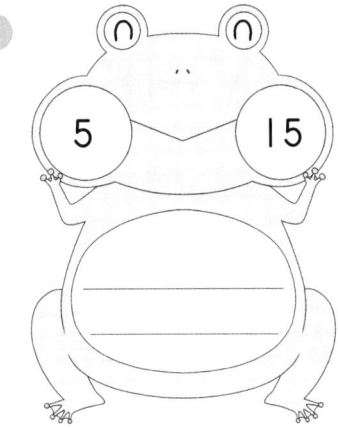

5   15

③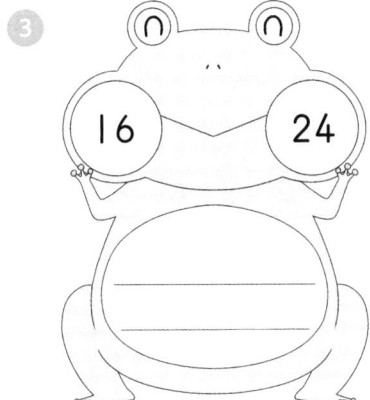

16   24

④

18   25

도전해 보세요

① 가로가 24 m, 세로가 16 m인 직사각형 모양의 목장에 일정한 간격으로 말뚝을 설치하여 울타리를 세우려고 합니다. 말뚝의 간격으로 가능한 것을 모두 찾아 기호를 쓰세요. (단, 네 모퉁이에는 반드시 말뚝을 설치해야 합니다.)

| ㉠ 1 m | ㉡ 10 m | ㉢ 5 m |
| ㉣ 4 m | ㉤ 6 m | ㉥ 8 m |

(   )

② 3분마다 우는 고양이와 2분마다 짖는 강아지가 있습니다. 고양이와 강아지가 7시 정각에 동시에 소리를 내었다면 그 후로 8시까지 함께 소리를 낸 시각은 모두 몇 번일까요?

(   )

기억해 볼까요?

12와 16의 공약수와 최대공약수, 공배수와 최대공배수를 구하세요.

1 공약수: _____ **2** 최대공약수: _____

3 공배수(2개): _____ **4** 최소공배수: _____

30초 개념

🎯 12와 18의 최대공약수와 최소공배수 구하기(곱셈식과 나눗셈 이용)

방법1 두 수의 곱셈식에서 최대공약수를 찾고, 최대공약수가 포함된 식에서 남은 수를 이용하여 최소공배수를 구할 수 있어요.

$$12 = 1 \times 12, \qquad 12 = ②\times ⑥, \quad 12 = 3 \times 4$$
$$18 = 1 \times 18, \quad 18 = 2 \times 9, \quad 18 = ③\times ⑥$$

12와 18의 최대공약수: 6

12와 18의 최소공배수: $6 \times ② \times ③ = 36$ ← 최대공약수와 남은 수의 곱

방법2 두 수를 공통으로 나눌 수 있는 가장 큰 수와 몫을 이용하여 최대공약수와 최소공배수를 구할 수 있어요.

12와 18의 최대공약수 → $6 \big) \underline{ 12 \qquad 18}$
    ②   ③ → $6 \times ② \times ③ = 36$ ← 12와 18의 최소공배수

 여러 수의 곱으로 나타내어 구할 수도 있어!

$$12 = ② \times 2 \times 3$$
$$18 = 2 \times 3 \times ③$$
_____
$$2 \times 3 \times ② \times ③ = 36$$
최대공약수 남은 수 최소공배수

$2 \big) \underline{ 12 \qquad 18}$
$3 \big) \underline{ 6 \qquad 9}$ $2 \times 3 = 6$ ← 최대공약수
  ②   ③ $2 \times 3 \times ② \times ③ = 36$
        남은 수   ↑
              최소공배수

🍗 곱셈과 나눗셈을 이용하여 최대공약수와 최소공배수를 구하세요.

① (9, 21)

> 공통으로 들어 있는 가장 큰 수가 최대공약수예요.

$$9 = 1 \times 9 \qquad 9 = 3 \times \boxed{}$$
$$21 = 1 \times 21 \qquad 21 = \boxed{} \times 7$$

> 최대공약수와 남은 수들을 곱하면 최소공배수예요.

최대공약수: 3
최소공배수: $3 \times \boxed{} \times \boxed{} = \boxed{}$

② (9, 21)

$$3 \,)\ \underline{\quad 9 \qquad 21 \quad}$$
$$\boxed{} \qquad \boxed{}$$

최대공약수:
최소공배수:

③ (20, 28)

$$4 \,)\ \underline{\quad 20 \qquad 28 \quad}$$
$$\boxed{} \qquad \boxed{}$$

최대공약수:
최소공배수:

🍗 주어진 수를 여러 수의 곱으로 나타내고 최대공약수와 최소공배수를 구하세요.

④ (8, 12)

> 공통으로 들어 있는 곱셈식이 최대공약수예요.

$$8 = 2 \times 2 \times \boxed{}$$
$$12 = 2 \times 2 \times \boxed{}$$

> 최대공약수와 남은 수들을 곱하면 최소공배수예요.

최대공약수: $\boxed{} \times \boxed{} = \boxed{}$
최소공배수: $\boxed{} \times \boxed{} \times \boxed{} \times \boxed{} = \boxed{}$

🍗 두 수의 곱으로 나타내어 최대공약수와 최소공배수를 구하세요.

① (9, 15)

$9 =$ _____3×3_____

$15 =$ _____3×5_____

최대공약수:

최소공배수:

② (10, 16)

$10 =$ _____

$16 =$ _____

최대공약수:

최소공배수:

③ (16, 24)

$16 =$ _____

$24 =$ _____

최대공약수:

최소공배수:

④ (18, 54)

$18 =$ _____

$54 =$ _____

최대공약수:

최소공배수:

🍗 여러 수의 곱으로 나타내어 최대공약수와 최소공배수를 구하세요.

⑤ (20, 30)

$20 =$ _____$2 \times 2 \times 5$_____

$30 =$ _____$2 \times 3 \times 5$_____

최대공약수:

최소공배수:

⑥ (24, 36)

$24 =$ _____

$36 =$ _____

최대공약수:

최소공배수:

⑦ (54, 27)

$54 =$ _____

$27 =$ _____

최대공약수:

최소공배수:

⑧ (23, 69)

$23 =$ _____

$69 =$ _____

최대공약수:

최소공배수:

나눗셈을 이용하여 최대공약수와 최소공배수를 구하세요.

① 5) 15   25
   　3   5

－ 최대공약수:
└ 최소공배수:

| 이외의 공약수가 없을 때까지 계속 나누어요.

나눈 공약수들의 곱이 최대공약수, 남은 몫까지 곱하면 최소공배수예요.

②) 14   21

－ 최대공약수:
└ 최소공배수:

③) 18   24

－ 최대공약수:
└ 최소공배수:

④) 16   48

－ 최대공약수:
└ 최소공배수:

⑤) 35   56

－ 최대공약수:
└ 최소공배수:

⑥) 60   40

－ 최대공약수:
└ 최소공배수:

⑦) 42   54

－ 최대공약수:
└ 최소공배수:

⑧) 38   95

－ 최대공약수:
└ 최소공배수:

⑨) 55   121

－ 최대공약수:
└ 최소공배수:

개념 다지기

🦴 나눗셈을 이용하여 최대공약수와 최소공배수를 구하세요.

①) 9   27

　　┌ 최대공약수:
　　└ 최소공배수:

②) 18   26

　　┌ 최대공약수:
　　└ 최소공배수:

③) 20   35

　　┌ 최대공약수:
　　└ 최소공배수:

④) 14   42

　　┌ 최대공약수:
　　└ 최소공배수:

⑤) 32   40

　　┌ 최대공약수:
　　└ 최소공배수:

⑥) 32   56

　　┌ 최대공약수:
　　└ 최소공배수:

⑦) 51   68

　　┌ 최대공약수:
　　└ 최소공배수:

⑧) 80   120

　　┌ 최대공약수:
　　└ 최소공배수:

설명해 보세요

18과 24의 최대공약수와 최소공배수를 여러 가지 방법으로 구하고 그 과정을 설명해 보세요.

개념 키우기

두 수의 최대공약수와 최소공배수를 구하세요.

①

16   12

최대공약수   최소공배수

②

24   10

③

6   18

④

11   15

도전해 보세요

① 어떤 수와 36의 최대공약수는 12이고, 최소공배수는 72입니다. 어떤 수를 구하세요.

(   )

② 조건을 모두 만족하는 두 수를 구하세요.

- 두 수의 최대공약수는 8, 최소공배수는 48입니다.
- 두 수는 모두 두 자리 수입니다.

(   )

04 크기가 같은 분수

?! 기억해 볼까요?

두 수의 최대공약수와 최소공배수를 구하세요.

1 (9, 12)

최대공약수: _____

최소공배수: _____

2 (15, 20)

최대공약수: _____

최소공배수: _____

30초 개념

분모와 분자에 각각 0이 아닌 같은 수를 곱하거나 나누면 크기가 같은 분수를 만들 수 있어요.

◎ $\dfrac{6}{12}$ 과 크기가 같은 분수 만들기

방법1 분모와 분자에 0이 아닌 같은 수를 곱해요.

$$\frac{6}{12} = \frac{6\times2}{12\times2} = \frac{6\times3}{12\times3} = \frac{6\times4}{12\times4} \implies \frac{6}{12} = \frac{12}{24} = \frac{18}{36} = \frac{24}{48}$$

방법2 분모와 분자를 0이 아닌 같은 수로 나누어요.

$$\frac{6}{12} = \frac{6\div2}{12\div2} = \frac{6\div3}{12\div3} = \frac{6\div6}{12\div6} \implies \frac{6}{12} = \frac{3}{6} = \frac{2}{4} = \frac{1}{2}$$

→ 분모와 분자의 공약수로 나눌 수 있어요.

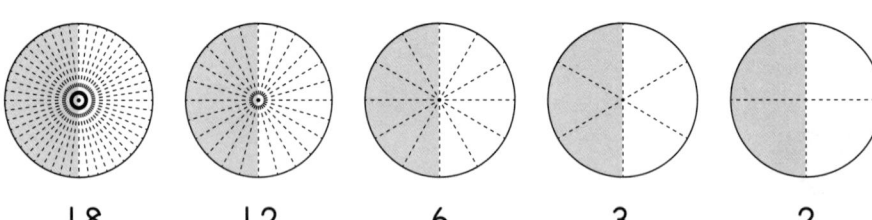

$$\frac{18}{36} = \frac{12}{24} = \frac{6}{12} = \frac{3}{6} = \frac{2}{4}$$

분모와 분자에 0을 곱하거나 나누면 안 돼요!

$$\frac{1}{4} \quad \frac{1\times0}{4\times0} \qquad \frac{2}{5} \quad \frac{2\div0}{5\div0}$$

🍗 곱셈을 이용하여 크기가 같은 분수를 분모가 가장 작은 것부터 차례로 4개 쓰세요.

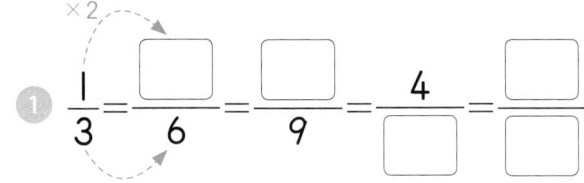

① $\dfrac{1}{3} = \dfrac{\Box}{6} = \dfrac{\Box}{9} = \dfrac{4}{\Box} = \dfrac{\Box}{\Box}$

② $\dfrac{2}{3} = \dfrac{\Box}{6} = \dfrac{6}{\Box} = \dfrac{\Box}{\Box} = \dfrac{\Box}{\Box}$

③ $\dfrac{3}{5} =$

④ $\dfrac{1}{2} =$

⑤ $\dfrac{3}{10} =$

⑥ $\dfrac{5}{9} =$

🍗 나눗셈을 이용하여 크기가 같은 분수를 분모가 가장 큰 것부터 차례로 쓰세요.

⑦ $\dfrac{4}{6} = \dfrac{\Box}{3}$

⑧ $\dfrac{12}{24} = \dfrac{\Box}{12} = \dfrac{\Box}{8} = \dfrac{3}{\Box}$
$= \dfrac{2}{\Box} = \dfrac{\Box}{\Box}$

⑨ $\dfrac{12}{18} =$

⑩ $\dfrac{8}{16} =$

⑪ $\dfrac{16}{40} =$

⑫ $\dfrac{18}{72} =$

🦴 곱셈을 이용하여 크기가 같은 분수를 분모가 가장 작은 것부터 차례로 4개 쓰세요.

① $\dfrac{3}{4}$ →

② $\dfrac{1}{6}$ →

③ $\dfrac{5}{7}$ →

④ $\dfrac{6}{11}$ →

⑤ $\dfrac{1}{4}$ →

⑥ $\dfrac{3}{8}$ →

⑦ $\dfrac{5}{6}$ →

⑧ $\dfrac{11}{12}$ →

⑨ $\dfrac{4}{9}$ →

⑩ $\dfrac{13}{20}$ →

⑪ $\dfrac{4}{15}$ →

⑫ $\dfrac{5}{13}$ →

나눗셈을 이용하여 크기가 같은 분수를 분모가 가장 큰 것부터 차례로 쓰세요.

① $\dfrac{4}{8}$ →

② $\dfrac{6}{9}$ →

③ $\dfrac{8}{12}$ →

④ $\dfrac{12}{16}$ →

⑤ $\dfrac{14}{21}$ →

⑥ $\dfrac{12}{24}$ →

⑦ $\dfrac{18}{27}$ →

⑧ $\dfrac{20}{30}$ →

⑨ $\dfrac{21}{35}$ →

⑩ $\dfrac{24}{36}$ →

⑪ $\dfrac{16}{48}$ →

⑫ $\dfrac{15}{60}$ →

🦴 크기가 같은 분수를 2개 쓰세요.

① $\dfrac{1}{2}$ ➡

② $\dfrac{2}{3}$ ➡

③ $\dfrac{3}{4}$ ➡

④ $\dfrac{2}{5}$ ➡

⑤ $\dfrac{5}{6}$ ➡

⑥ $\dfrac{3}{8}$ ➡

⑦ $\dfrac{6}{12}$ ➡

⑧ $\dfrac{12}{36}$ ➡

⑨ $\dfrac{20}{40}$ ➡

⑩ $\dfrac{24}{48}$ ➡

⑪ $\dfrac{25}{50}$ ➡

⑫ $\dfrac{27}{81}$ ➡

설명해 보세요

$\dfrac{4}{8}$ 와 크기가 같은 분수를 5개 만들고 그 과정을 설명해 보세요.

개념 키우기

🦴 크기가 같은 분수끼리 선으로 이어 보세요.

$\dfrac{12}{20}$ ·   · $\dfrac{8}{14}$ ·   · $\dfrac{30}{45}$

$\dfrac{20}{35}$ ·   · $\dfrac{3}{5}$ ·   · $\dfrac{5}{10}$

$\dfrac{2}{3}$ ·   · $\dfrac{14}{21}$ ·   · $\dfrac{4}{7}$

$\dfrac{1}{2}$ ·   · $\dfrac{25}{50}$ ·   · $\dfrac{15}{25}$

도전해 보세요

1 조건을 만족하는 분수를 찾아 쓰세요.

- 분모와 분자의 합이 **40**입니다.
- $\dfrac{3}{7}$ 과 크기가 같은 분수입니다.

(   )

2 연필 **12**자루를 사서 **4**자루를 동생에게 주고 **8**자루가 남았습니다. 남은 연필의 수는 사 온 연필의 수의 몇 분의 몇인지 모두 찾아 ◯표 하세요.

$\dfrac{16}{24}$ $\dfrac{3}{6}$ $\dfrac{8}{12}$ $\dfrac{12}{24}$ $\dfrac{4}{12}$ $\dfrac{2}{3}$

기억해 볼까요?

① (2, 3)

공배수(2개): _____

최소공배수: _____

② ○ 안에 >, =, <를 알맞게 써넣으세요.

$$\frac{3}{4} \bigcirc \frac{1}{4}$$

30초 개념

- 통분: 분수의 분모를 같게 하는 것
- 공통분모: 통분하여 같게 한 분모

◎ $\frac{3}{4}$과 $\frac{5}{6}$를 통분하여 분모가 같은 분수로 나타내기

방법1 분모의 곱을 공통분모로 하여 통분할 수 있어요.

$$\left(\frac{3}{4}, \frac{5}{6}\right) \Rightarrow \left(\frac{3\times6}{4\times6}, \frac{5\times4}{6\times4}\right) \Rightarrow \left(\frac{18}{24}, \frac{20}{24}\right)$$

← 4와 6의 곱인 24를 공통분모로 하여 통분해요.

방법2 분모의 최소공배수를 공통분모로 하여 통분할 수 있어요.

$$\left(\frac{3}{4}, \frac{5}{6}\right) \Rightarrow \left(\frac{3\times3}{4\times3}, \frac{5\times2}{6\times2}\right) \Rightarrow \left(\frac{9}{12}, \frac{10}{12}\right)$$

← 4와 6의 최소공배수인 12를 공통분모로 하여 통분해요.

◎ $\frac{1}{2}$과 $\frac{2}{3}$의 크기 비교하기

분모가 다른 두 분수의 크기를 비교할 때는 통분하여 분모를 같게 한 다음 분자의 크기를 비교해요.

$$\frac{1}{2} = \frac{1\times3}{2\times3} = \frac{3}{6}$$

$$\frac{2}{3} = \frac{2\times2}{3\times2} = \frac{4}{6}$$

$\frac{3}{6} < \frac{4}{6}$이므로 $\frac{1}{2} < \frac{2}{3}$입니다.

🍗 두 분모의 곱을 공통분모로 하여 통분하고 ○ 안에 >, =, <를 알맞게 써넣으세요.

1 $\left(\dfrac{1}{2},\ \dfrac{3}{5}\right) \Rightarrow \left(\dfrac{1\times\boxed{5}}{2\times\boxed{5}},\ \dfrac{3\times\boxed{2}}{5\times\boxed{2}}\right) \Rightarrow \left(\dfrac{\boxed{}}{\boxed{}},\ \dfrac{\boxed{}}{\boxed{}}\right) \Rightarrow \dfrac{1}{2}\ \bigcirc\ \dfrac{3}{5}$

2 $\left(\dfrac{3}{7},\ \dfrac{4}{9}\right) \Rightarrow \left(\dfrac{3\times\boxed{}}{7\times\boxed{}},\ \dfrac{4\times\boxed{}}{9\times\boxed{}}\right) \Rightarrow \left(\dfrac{\boxed{}}{\boxed{}},\ \dfrac{\boxed{}}{\boxed{}}\right) \Rightarrow \dfrac{3}{7}\ \bigcirc\ \dfrac{4}{9}$

3 $\left(\dfrac{3}{8},\ \dfrac{5}{13}\right) \Rightarrow \left(\dfrac{3\times\boxed{}}{8\times\boxed{}},\ \dfrac{5\times\boxed{}}{13\times\boxed{}}\right) \Rightarrow \left(\dfrac{\boxed{}}{\boxed{}},\ \dfrac{\boxed{}}{\boxed{}}\right) \Rightarrow \dfrac{3}{8}\ \bigcirc\ \dfrac{5}{13}$

🍗 두 분모의 최소공배수를 공통분모로 하여 통분하고 ○ 안에 >, =, <를 알맞게 써넣으세요.

4 $\left(\dfrac{5}{6},\ \dfrac{7}{8}\right) \Rightarrow \left(\dfrac{5\times\boxed{4}}{6\times\boxed{4}},\ \dfrac{7\times\boxed{3}}{8\times\boxed{3}}\right) \Rightarrow \left(\dfrac{\boxed{}}{\boxed{}},\ \dfrac{\boxed{}}{\boxed{}}\right) \Rightarrow \dfrac{5}{6}\ \bigcirc\ \dfrac{7}{8}$

분모의 최소공배수는 24

5 $\left(\dfrac{3}{4},\ \dfrac{11}{12}\right) \Rightarrow \left(\dfrac{3\times\boxed{}}{4\times\boxed{}},\ \dfrac{11}{12}\right) \Rightarrow \left(\dfrac{\boxed{}}{\boxed{}},\ \dfrac{11}{12}\right) \Rightarrow \dfrac{3}{4}\ \bigcirc\ \dfrac{11}{12}$

6 $\left(\dfrac{4}{9},\ \dfrac{7}{16}\right) \Rightarrow \left(\dfrac{4\times\boxed{}}{9\times\boxed{}},\ \dfrac{7\times\boxed{}}{16\times\boxed{}}\right) \Rightarrow \left(\dfrac{\boxed{}}{\boxed{}},\ \dfrac{\boxed{}}{\boxed{}}\right) \Rightarrow \dfrac{4}{9}\ \bigcirc\ \dfrac{7}{16}$

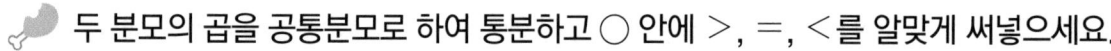

🍗 두 분모의 곱을 공통분모로 하여 통분하고 ○ 안에 >, =, <를 알맞게 써넣으세요.

1 $\dfrac{1}{2}$ ○ $\dfrac{2}{3}$

2 $\dfrac{3}{5}$ ○ $\dfrac{4}{7}$

3 $\dfrac{1}{3}$ ○ $\dfrac{2}{7}$

4 $\dfrac{3}{4}$ ○ $\dfrac{4}{5}$

5 $\dfrac{2}{7}$ ○ $\dfrac{1}{4}$

6 $\dfrac{5}{6}$ ○ $\dfrac{11}{13}$

7 $\dfrac{3}{8}$ ○ $\dfrac{2}{5}$

8 $\dfrac{5}{12}$ ○ $\dfrac{3}{8}$

9 $\dfrac{4}{7}$ ○ $\dfrac{8}{15}$

10 $\dfrac{7}{8}$ ○ $\dfrac{17}{21}$

11 $\dfrac{13}{20}$ ○ $\dfrac{7}{12}$

12 $\dfrac{3}{10}$ ○ $\dfrac{7}{20}$

두 분모의 최소공배수를 공통분모로 하여 통분하고 ◯ 안에 >, =, <를 알맞게 써넣으세요.

1 $\dfrac{3}{4}$ ◯ $\dfrac{5}{6}$

2 $\dfrac{2}{7}$ ◯ $\dfrac{5}{14}$

3 $\dfrac{5}{12}$ ◯ $\dfrac{7}{18}$

4 $\dfrac{7}{16}$ ◯ $\dfrac{9}{24}$

5 $\dfrac{7}{10}$ ◯ $\dfrac{5}{7}$

6 $\dfrac{4}{11}$ ◯ $\dfrac{5}{14}$

7 $\dfrac{1}{4}$ ◯ $\dfrac{3}{8}$

8 $\dfrac{2}{3}$ ◯ $\dfrac{5}{6}$

9 $\dfrac{11}{24}$ ◯ $\dfrac{17}{36}$

10 $\dfrac{13}{28}$ ◯ $\dfrac{25}{56}$

11 $\dfrac{5}{11}$ ◯ $\dfrac{26}{55}$

12 $\dfrac{17}{20}$ ◯ $\dfrac{23}{30}$

 분수의 크기를 비교하여 작은 수부터 차례로 쓰세요.

① $\dfrac{4}{13}$, $\dfrac{6}{14}$ ➡ □ < □

② $\dfrac{1}{6}$, $\dfrac{2}{11}$ ➡ □ < □

③ $\dfrac{2}{3}$, $\dfrac{4}{5}$, $\dfrac{7}{10}$ ➡ □ < □ < □

④ $\dfrac{6}{11}$, $\dfrac{1}{2}$, $\dfrac{5}{8}$ ➡ □ < □ < □

⑤ $\dfrac{7}{8}$, $\dfrac{19}{24}$, $\dfrac{11}{12}$ ➡ □ < □ < □

⑥ $\dfrac{5}{12}$, $\dfrac{17}{36}$, $\dfrac{11}{24}$ ➡ □ < □ < □

⑦ $\dfrac{1}{2}$, $\dfrac{7}{12}$, $\dfrac{5}{9}$, $\dfrac{19}{36}$ ➡ □ < □ < □ < □

⑧ $\dfrac{3}{8}$, $\dfrac{11}{24}$, $\dfrac{1}{3}$, $\dfrac{5}{16}$ ➡ □ < □ < □ < □

설명해 보세요

$\dfrac{5}{6}$ 와 $\dfrac{8}{9}$ 을 여러 가지 방법으로 통분하고 그 과정을 설명해 보세요.

 개념 키우기

1 두 분수의 크기를 비교하여 더 큰 분수를 빈 곳에 써넣으세요.

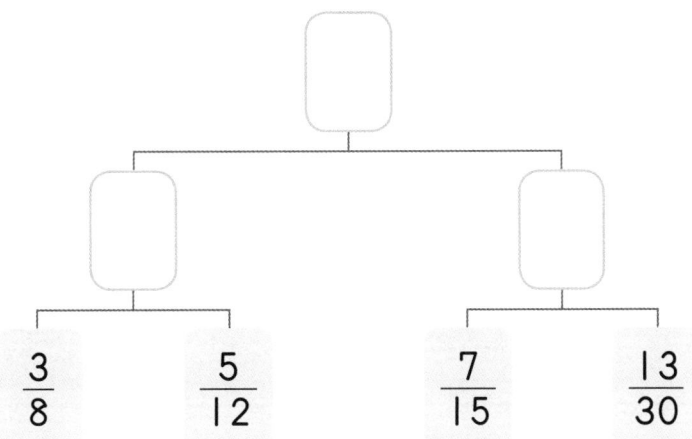

$\dfrac{3}{8}$ $\dfrac{5}{12}$ $\dfrac{7}{15}$ $\dfrac{13}{30}$

2 두 분수의 크기를 비교하여 더 작은 분수를 빈 곳에 써넣으세요.

$\dfrac{1}{3}$ $\dfrac{2}{7}$ $\dfrac{7}{30}$ $\dfrac{3}{10}$

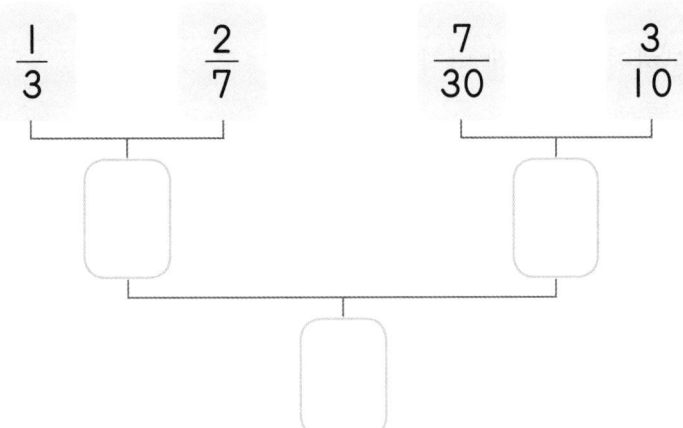

 도전해 보세요

1 □ 안에 들어갈 수 있는 자연수는 모두 몇 개인지 구하세요.

$$\dfrac{7}{20} > \dfrac{\square}{15}$$

(   )

2 □ 안에 들어갈 수 있는 자연수는 모두 몇 개인지 구하세요.

$$\dfrac{1}{5} < \dfrac{\square}{25} < \dfrac{9}{10}$$

(   )

41

06 약분하기와 기약분수

기억해 볼까요?

□ 안에 알맞은 수를 써넣으세요.

1 $\dfrac{1}{4} = \dfrac{1 \times \boxed{}}{4 \times \boxed{}} = \dfrac{\boxed{}}{12}$

2 $\dfrac{16}{18} = \dfrac{16 \div \boxed{}}{18 \div \boxed{}} = \dfrac{\boxed{}}{9}$

3 $\dfrac{7}{15} = \dfrac{35}{\boxed{}}$

4 $\dfrac{15}{36} = \dfrac{5}{\boxed{}}$

30초 개념

- 약분: 분모와 분자를 공약수로 나누어 분수를 간단하게 나타내는 것
- 기약분수: 분모와 분자의 공약수가 1뿐인 분수

$\dfrac{8}{12}$ 을 약분하여 간단하게 나타내기

방법1 12와 8의 공약수인 2로 약분해요.

$\dfrac{8}{12} = \dfrac{8 \div 2}{12 \div 2} = \dfrac{4}{6}$ 분수를 약분하려면 공약수를 알아야 해요.
12와 8의 공약수는 1, 2, 4예요.

방법2 12와 8의 최대공약수인 4로 약분해요.

$\dfrac{8}{12} = \dfrac{8 \div 4}{12 \div 4} = \dfrac{2}{3}$ 분모와 분자를 최대공약수인 4로 약분하면
기약분수가 만들어져요.

약분하는 과정을 이렇게
나타낼 수도 있어요!

$$\dfrac{\overset{4}{\cancel{8}}}{\underset{6}{\cancel{12}}} = \dfrac{\overset{2}{\cancel{4}}}{\underset{3}{\cancel{6}}} = \dfrac{2}{3} \implies \dfrac{\overset{\overset{2}{\cancel{4}}}{\cancel{8}}}{\underset{\underset{3}{\cancel{6}}}{\cancel{12}}} = \dfrac{2}{3}$$

🍗 분수를 약분하여 ☐ 안에 알맞은 수를 써넣으세요.

① $\dfrac{6}{12}$ ➡ $\dfrac{3}{6}$, $\dfrac{1}{2}$

② $\dfrac{8}{20}$ ➡ $\dfrac{}{10}$, $\dfrac{}{5}$

③ $\dfrac{8}{24}$ ➡ $\dfrac{}{12}$, $\dfrac{}{6}$, $\dfrac{}{3}$

④ $\dfrac{16}{24}$ ➡ $\dfrac{}{12}$, $\dfrac{}{6}$, $\dfrac{}{3}$

⑤ $\dfrac{24}{32}$ ➡ $\dfrac{12}{}$, $\dfrac{6}{}$, $\dfrac{3}{}$

⑥ $\dfrac{30}{36}$ ➡ $\dfrac{15}{}$, $\dfrac{10}{}$, $\dfrac{5}{}$

🍗 분모와 분자를 최대공약수로 나누어 기약분수로 나타내세요.

⑦ $\dfrac{6}{12} = \dfrac{6 \div \square}{12 \div \square} = \dfrac{\square}{\square}$

⑧ $\dfrac{14}{16} = \dfrac{14 \div \square}{16 \div \square} = \dfrac{\square}{\square}$

⑨ $\dfrac{16}{22} = \dfrac{16 \div \square}{22 \div \square} = \dfrac{\square}{\square}$

⑩ $\dfrac{6}{24} = \dfrac{6 \div \square}{24 \div \square} = \dfrac{\square}{\square}$

⑪ $\dfrac{18}{54} = \dfrac{18 \div \square}{54 \div \square} = \dfrac{\square}{\square}$

⑫ $\dfrac{48}{72} = \dfrac{48 \div \square}{72 \div \square} = \dfrac{\square}{\square}$

🍗 약분한 분수를 모두 쓰고 기약분수에 ◯표 하세요.

1 $\dfrac{15}{45}$ ➡ $\dfrac{5}{15}$, $\dfrac{3}{9}$, $\boxed{\dfrac{1}{3}}$

2 $\dfrac{6}{24}$ ➡ $\dfrac{3}{12}$, $\dfrac{2}{8}$, $\boxed{\dfrac{1}{4}}$

3 $\dfrac{14}{21}$ ➡

4 $\dfrac{10}{25}$ ➡

5 $\dfrac{16}{24}$ ➡

6 $\dfrac{24}{30}$ ➡

7 $\dfrac{30}{40}$ ➡

8 $\dfrac{25}{40}$ ➡

9 $\dfrac{24}{36}$ ➡

10 $\dfrac{18}{54}$ ➡

11 $\dfrac{36}{51}$ ➡

12 $\dfrac{46}{69}$ ➡

🦴 분수를 약분하여 기약분수로 나타내세요.

① $\dfrac{5}{30}$ ➡

② $\dfrac{8}{32}$ ➡

③ $\dfrac{13}{65}$ ➡

④ $\dfrac{22}{66}$ ➡

⑤ $\dfrac{30}{50}$ ➡

⑥ $\dfrac{27}{90}$ ➡

⑦ $\dfrac{15}{81}$ ➡

⑧ $\dfrac{16}{56}$ ➡

⑨ $\dfrac{24}{120}$ ➡

⑩ $\dfrac{58}{87}$ ➡

⑪ $\dfrac{32}{72}$ ➡

⑫ $\dfrac{45}{63}$ ➡

개념 다지기

분수를 약분하여 기약분수로 나타내세요.

1 $\dfrac{\overset{3}{12}}{\underset{4}{16}}$ ➡ $\dfrac{3}{4}$

2 $\dfrac{10}{25}$ ➡

3 $\dfrac{14}{32}$ ➡

4 $\dfrac{15}{25}$ ➡

5 $\dfrac{10}{24}$ ➡

6 $\dfrac{9}{36}$ ➡

7 $\dfrac{21}{53}$ ➡

8 $\dfrac{14}{56}$ ➡

9 $\dfrac{26}{65}$ ➡

10 $\dfrac{45}{81}$ ➡

11 $\dfrac{49}{84}$ ➡

12 $\dfrac{60}{100}$ ➡

설명해 보세요

$\dfrac{22}{35}$ 를 기약분수로 나타내고 그 과정을 설명해 보세요.

개념 키우기

① $\dfrac{24}{48}$ 와 크기가 같은 분수를 모두 찾아 ◯표 하세요.

$$\dfrac{4}{8} \qquad \dfrac{2}{3} \qquad \dfrac{8}{16} \qquad \dfrac{16}{18} \qquad \dfrac{6}{9} \qquad \dfrac{12}{24}$$

② 기약분수로 나타내었을 때 크기가 <u>다른</u> 하나를 찾아 ◯표 하세요.

$$\dfrac{42}{56} \qquad \dfrac{21}{28} \qquad \dfrac{27}{36} \qquad \dfrac{15}{20} \qquad \dfrac{33}{44} \qquad \dfrac{10}{16}$$

③ 기약분수를 모두 찾아 ◯표 하세요.

$$\dfrac{3}{9} \qquad \dfrac{17}{51} \qquad \dfrac{5}{7} \qquad \dfrac{3}{18} \qquad \dfrac{11}{24} \qquad \dfrac{39}{52}$$

도전해 보세요

① 하늘이네 반 학생 32명 중에서 남학생이 20명입니다. 하늘이네 반 여학생은 전체의 몇 분의 몇인지 기약분수로 나타내세요.

(   )

② 분모와 분자의 합이 70이고 약분하면 $\dfrac{2}{3}$ 가 되는 분수를 구하세요.

(   )

07 (진분수)×(진분수)

기억해 볼까요?

☐ 안에 알맞은 수를 써넣으세요.

1 $\dfrac{10}{15} = \dfrac{\boxed{}}{3}$

2 $\dfrac{9}{27} = \dfrac{1}{\boxed{}}$

30초 개념

진분수끼리의 곱셈은 분모는 분모끼리, 분자는 분자끼리 곱해요.

🎯 $\dfrac{3}{4} \times \dfrac{2}{5}$의 계산(진분수끼리의 곱셈)

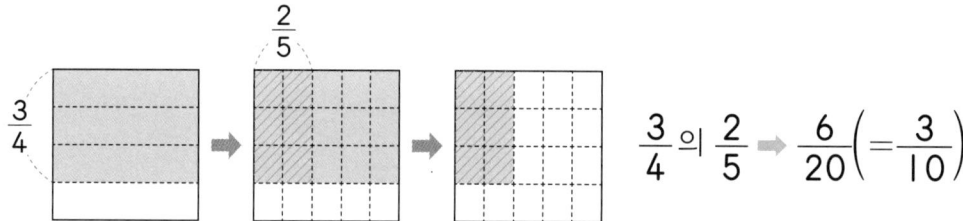

$\dfrac{3}{4}$의 $\dfrac{2}{5}$ ➡ $\dfrac{6}{20}\left(=\dfrac{3}{10}\right)$

🎯 $\dfrac{1}{2} \times \dfrac{1}{3}$의 계산(단위분수끼리의 곱셈)

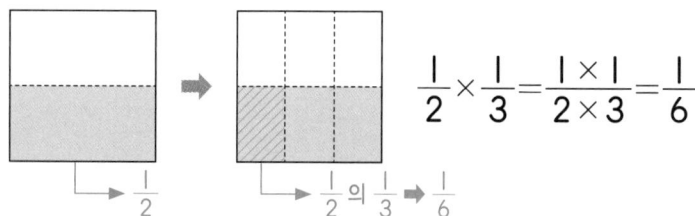

$\dfrac{1}{2} \times \dfrac{1}{3} = \dfrac{1 \times 1}{2 \times 3} = \dfrac{1}{6}$

> 약분할 때 분모끼리 또는 분자끼리 약분하면 안 돼요.

• 계산 후 약분하기

$$\dfrac{3}{4} \times \dfrac{2}{5} = \dfrac{3 \times 2}{4 \times 5} = \dfrac{\overset{3}{\cancel{6}}}{\underset{10}{\cancel{20}}} = \dfrac{3}{10}$$

• 약분을 먼저 하고 계산하기

$$\dfrac{3}{\cancel{4}_{2}} \times \dfrac{\cancel{2}^{1}}{5} = \dfrac{3}{10}$$

48

🍗 그림을 보고 ☐ 안에 알맞은 수를 써넣으세요.

①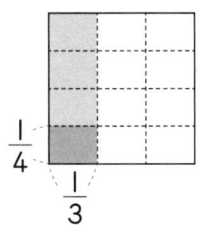

$$\frac{1}{3} \times \frac{1}{4} = \frac{1 \times 1}{\boxed{} \times \boxed{}} = \boxed{}$$

②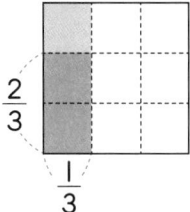

$$\frac{1}{3} \times \frac{2}{3} = \frac{\boxed{} \times 2}{3 \times \boxed{}} = \boxed{}$$

🍗 ☐ 안에 알맞은 수를 써넣으세요.

③ $\dfrac{1}{3} \times \dfrac{1}{6} = \dfrac{1 \times 1}{\boxed{} \times \boxed{}} = \boxed{}$

④ $\dfrac{1}{9} \times \dfrac{1}{8} = \dfrac{\boxed{} \times \boxed{}}{\boxed{} \times \boxed{}} = \boxed{}$

⑤ $\dfrac{2}{3} \times \dfrac{4}{5} = \dfrac{\boxed{} \times \boxed{}}{\boxed{} \times \boxed{}} = \boxed{}$

⑥ $\dfrac{2}{5} \times \dfrac{3}{5} = \dfrac{\boxed{} \times \boxed{}}{\boxed{} \times \boxed{}} = \boxed{}$

⑦ $\dfrac{1}{2} \times \dfrac{3}{4} = \dfrac{\boxed{} \times \boxed{}}{\boxed{} \times \boxed{}} = \boxed{}$

⑧ $\dfrac{5}{6} \times \dfrac{5}{7} = \dfrac{\boxed{} \times \boxed{}}{\boxed{} \times \boxed{}} = \boxed{}$

⑨ $\dfrac{3}{8} \times \dfrac{7}{10} = \dfrac{\boxed{} \times \boxed{}}{\boxed{} \times \boxed{}} = \boxed{}$

⑩ $\dfrac{5}{12} \times \dfrac{7}{8} = \dfrac{\boxed{} \times \boxed{}}{\boxed{} \times \boxed{}} = \boxed{}$

분수의 곱셈을 하세요.

① $\dfrac{1}{3} \times \dfrac{2}{3} =$

② $\dfrac{3}{4} \times \dfrac{1}{2} =$

③ $\dfrac{2}{5} \times \dfrac{2}{3} =$

④ $\dfrac{5}{6} \times \dfrac{1}{4} =$

⑤ $\dfrac{4}{7} \times \dfrac{3}{5} =$

⑥ $\dfrac{4}{9} \times \dfrac{2}{7} =$

⑦ $\dfrac{5}{6} \times \dfrac{7}{8} =$

⑧ $\dfrac{2}{9} \times \dfrac{5}{7} =$

⑨ $\dfrac{3}{10} \times \dfrac{3}{5} =$

⑩ $\dfrac{10}{11} \times \dfrac{3}{7} =$

⑪ $\dfrac{9}{11} \times \dfrac{3}{4} =$

⑫ $\dfrac{4}{13} \times \dfrac{2}{5} =$

⑬ $\dfrac{7}{10} \times \dfrac{3}{8} =$

⑭ $\dfrac{4}{15} \times \dfrac{2}{3} =$

🦴 분수의 곱셈을 하세요.

분모와 분자를
약분한 다음 계산해요.

① $\dfrac{\boxed{}\,\cancel{2}}{3} \times \dfrac{1}{\cancel{2}} = \dfrac{}{\boxed{}}$

② $\dfrac{\boxed{}\;\cancel{3}}{\cancel{4}} \times \dfrac{\cancel{2}\;\boxed{}}{\cancel{3}} = \dfrac{\boxed{}}{\boxed{}}$

③ $\dfrac{2}{5} \times \dfrac{1}{6} =$

④ $\dfrac{5}{6} \times \dfrac{3}{5} =$

⑤ $\dfrac{4}{5} \times \dfrac{1}{8} =$

⑥ $\dfrac{5}{8} \times \dfrac{2}{5} =$

⑦ $\dfrac{5}{9} \times \dfrac{3}{10} =$

⑧ $\dfrac{7}{8} \times \dfrac{6}{14} =$

⑨ $\dfrac{4}{9} \times \dfrac{3}{8} =$

⑩ $\dfrac{5}{6} \times \dfrac{2}{15} =$

⑪ $\dfrac{7}{10} \times \dfrac{5}{14} =$

⑫ $\dfrac{11}{12} \times \dfrac{9}{11} =$

⑬ $\dfrac{3}{16} \times \dfrac{4}{9} =$

⑭ $\dfrac{14}{15} \times \dfrac{10}{21} =$

개념 다지기

🍗 분수의 곱셈을 하세요.

① $\dfrac{2}{3} \times \dfrac{6}{8} =$

② $\dfrac{4}{7} \times \dfrac{1}{2} =$

③ $\dfrac{2}{11} \times \dfrac{3}{4} =$

④ $\dfrac{3}{8} \times \dfrac{4}{5} =$

⑤ $\dfrac{5}{9} \times \dfrac{3}{10} =$

⑥ $\dfrac{7}{8} \times \dfrac{6}{14} =$

⑦ $\dfrac{11}{12} \times \dfrac{6}{22} =$

⑧ $\dfrac{7}{18} \times \dfrac{9}{21} =$

⑨ $\dfrac{4}{15} \times \dfrac{5}{6} =$

⑩ $\dfrac{5}{6} \times \dfrac{9}{10} =$

⑪ $\dfrac{15}{16} \times \dfrac{12}{21} =$

⑫ $\dfrac{16}{28} \times \dfrac{14}{20} =$

⑬ $\dfrac{12}{25} \times \dfrac{15}{16} =$

⑭ $\dfrac{27}{42} \times \dfrac{14}{33} =$

설명해 보세요

그림을 그려서 $\dfrac{2}{3} \times \dfrac{2}{5} = \dfrac{4}{15}$ 임을 설명해 보세요.

개념 키우기

🦴 곱이 작은 것부터 차례로 기호를 쓰세요.

1
- ㉠ $\dfrac{1}{3} \times \dfrac{1}{5}$
- ㉡ $\dfrac{1}{4} \times \dfrac{1}{3}$
- ㉢ $\dfrac{1}{5} \times \dfrac{1}{2}$

( )

2
- ㉠ $\dfrac{2}{3} \times \dfrac{4}{5}$
- ㉡ $\dfrac{2}{3} \times \dfrac{1}{3}$
- ㉢ $\dfrac{7}{9} \times \dfrac{2}{5}$

( )

3
- ㉠ $\dfrac{3}{4} \times \dfrac{12}{15}$
- ㉡ $\dfrac{3}{5} \times \dfrac{5}{6}$
- ㉢ $\dfrac{4}{7} \times \dfrac{14}{24}$

( )

4
- ㉠ $\dfrac{14}{15} \times \dfrac{10}{21}$
- ㉡ $\dfrac{5}{8} \times \dfrac{12}{25}$
- ㉢ $\dfrac{9}{16} \times \dfrac{12}{27}$

( )

 도전해 보세요

1 길이가 $\dfrac{2}{3}$ m인 종이띠가 있습니다. 이 종이띠의 $\dfrac{9}{10}$ 만큼을 사용해서 딱지를 만들었습니다. 딱지를 만드는 데 사용한 종이띠는 몇 m일까요?

( )

2 가로가 $\dfrac{1}{4}$ m, 세로가 $\dfrac{1}{8}$ m인 직사각형의 넓이는 몇 m²일까요?

( )

기억해 볼까요?

분수의 곱셈을 하세요.

① $\dfrac{1}{3} \times \dfrac{1}{4} =$

② $\dfrac{3}{10} \times \dfrac{5}{9} =$

30초 개념

(진분수)×(자연수), (자연수)×(진분수)는 진분수의 분모는 그대로 두고 분자와 자연수를 곱해요.

◎ $\dfrac{2}{3} \times 6$의 계산

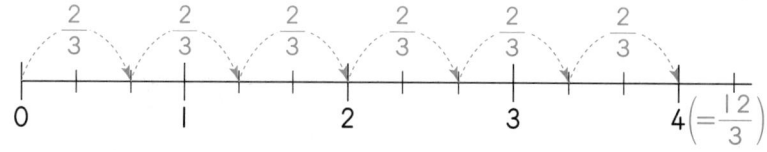

$$\dfrac{2}{3} \times 6 = \dfrac{2}{3} + \dfrac{2}{3} + \dfrac{2}{3} + \dfrac{2}{3} + \dfrac{2}{3} + \dfrac{2}{3} = \dfrac{\overset{4}{\cancel{12}}}{\underset{1}{\cancel{3}}} = 4, \quad \dfrac{2}{3} \times 6 = \dfrac{2 \times 6}{3} = \dfrac{\overset{4}{\cancel{12}}}{\underset{1}{\cancel{3}}} = 4$$

◎ $6 \times \dfrac{2}{3}$의 계산

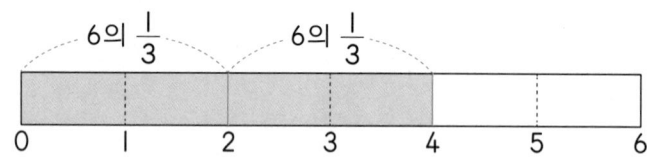

6의 $\dfrac{1}{3}$ ➡ 2
6의 $\dfrac{2}{3}$ ➡ 4 $\bigg\} \to 6 \times \dfrac{2}{3} = 4$

$$6 \times \dfrac{2}{3} = \dfrac{6 \times 2}{3} = \dfrac{\overset{4}{\cancel{12}}}{\underset{1}{\cancel{3}}} = 4$$

6 = $\dfrac{6}{1}$으로 바꾸면 진분수끼리의 곱셈과 같은 방법으로 계산할 수 있어!

• 자연수를 분모가 1인 분수로 바꾸어 곱할 수 있어요.

$$\dfrac{2}{3} \times 6 = \dfrac{2}{3} \times \dfrac{6}{1} = \dfrac{2 \times 6}{3 \times 1} = \dfrac{\overset{4}{\cancel{12}}}{\underset{1}{\cancel{3}}} = 4, \quad 6 \times \dfrac{2}{3} = \dfrac{6}{1} \times \dfrac{2}{3} = \dfrac{6 \times 2}{1 \times 3} = \dfrac{\overset{4}{\cancel{12}}}{\underset{1}{\cancel{3}}} = 4$$

계산 결과가 가분수일
경우 대분수로 바꿔요.

🦴 분수의 곱셈을 하세요.

① $\dfrac{1}{2} \times 5 =$

② $\dfrac{2}{3} \times 2 =$

③ $\dfrac{3}{5} \times 3 =$

④ $\dfrac{5}{6} \times 5 =$

⑤ $\dfrac{3}{7} \times 3 =$

⑥ $\dfrac{7}{12} \times 5 =$

⑦ $\dfrac{6}{13} \times 6 =$

⑧ $3 \times \dfrac{2}{5} =$

⑨ $2 \times \dfrac{5}{9} =$

⑩ $8 \times \dfrac{7}{11} =$

⑪ $10 \times \dfrac{4}{13} =$

⑫ $12 \times \dfrac{6}{7} =$

⑬ $15 \times \dfrac{3}{8} =$

⑭ $16 \times \dfrac{2}{13} =$

🦴 분수의 곱셈을 하세요.

계산 결과가 가분수일 경우
대분수로 바꿔요.

1 $\dfrac{1}{3} \times 6 =$

↳ 분모가 1이면 자연수로 나타내요.

2 $\dfrac{3}{4} \times 2 =$

3 $\dfrac{5}{6} \times 6 =$

4 $\dfrac{4}{9} \times 6 =$

5 $\dfrac{3}{7} \times 14 =$

6 $\dfrac{7}{10} \times 15 =$

7 $\dfrac{5}{8} \times 2 =$

8 $\dfrac{5}{12} \times 8 =$

9 $\dfrac{4}{15} \times 5 =$

10 $\dfrac{11}{16} \times 12 =$

11 $\dfrac{9}{22} \times 11 =$

12 $\dfrac{17}{24} \times 16 =$

13 $\dfrac{20}{23} \times 46 =$

14 $\dfrac{13}{30} \times 24 =$

🍗 분수의 곱셈을 하세요.

① $8 \times \dfrac{3}{4} =$

② $9 \times \dfrac{2}{9} =$

③ $10 \times \dfrac{4}{15} =$

④ $3 \times \dfrac{8}{9} =$

⑤ $4 \times \dfrac{1}{12} =$

⑥ $6 \times \dfrac{1}{9} =$

⑦ $8 \times \dfrac{3}{4} =$

⑧ $9 \times \dfrac{5}{12} =$

⑨ $5 \times \dfrac{9}{10} =$

⑩ $4 \times \dfrac{9}{10} =$

⑪ $7 \times \dfrac{2}{21} =$

⑫ $12 \times \dfrac{11}{16} =$

⑬ $10 \times \dfrac{13}{30} =$

⑭ $15 \times \dfrac{3}{27} =$

개념 다지기

🍗 분수의 곱셈을 하세요.

① $\dfrac{4}{15} \times 10 =$

② $\dfrac{5}{6} \times 9 =$

③ $\dfrac{3}{8} \times 6 =$

④ $\dfrac{4}{9} \times 12 =$

⑤ $\dfrac{7}{10} \times 12 =$

⑥ $\dfrac{7}{12} \times 21 =$

⑦ $\dfrac{5}{24} \times 18 =$

⑧ $4 \times \dfrac{3}{10} =$

⑨ $6 \times \dfrac{5}{6} =$

⑩ $16 \times \dfrac{11}{18} =$

⑪ $20 \times \dfrac{5}{12} =$

⑫ $26 \times \dfrac{4}{13} =$

⑬ $15 \times \dfrac{11}{30} =$

⑭ $35 \times \dfrac{3}{14} =$

설명해 보세요

그림을 그려서 $8 \times \dfrac{3}{4} = 6$ 임을 설명해 보세요.

개념 키우기

🦴 빈칸에 알맞은 수를 써넣으세요.

① ⊗

$\dfrac{2}{9}$	3	
10	$\dfrac{4}{15}$	

② ⊗

$\dfrac{9}{10}$	8	
22	$\dfrac{3}{14}$	

③ ⊗

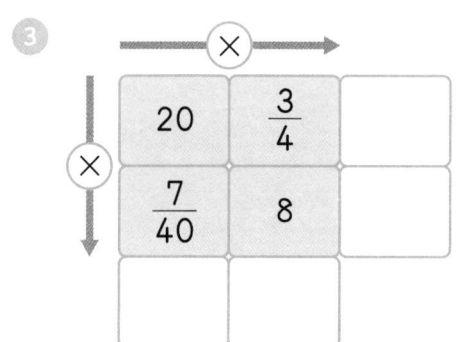

④ ⊗

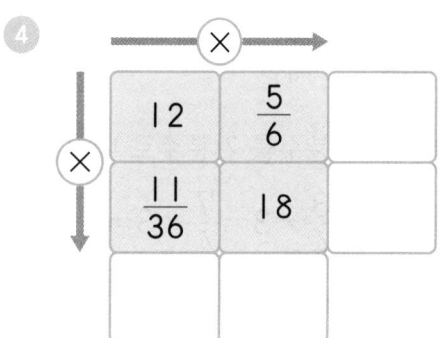

도전해 보세요

① 한 명이 피자 한 판의 $\dfrac{1}{8}$씩 먹으려고 합니다. 32명이 먹기 위해 필요한 피자는 모두 몇 판일까요?

( )

② 가을이네 반 학생 33명 중 $\dfrac{5}{11}$는 남학생이고, 남학생 중 $\dfrac{3}{5}$은 안경을 썼습니다. 가을이네 반에서 안경을 쓴 남학생은 몇 명일까요?

( )

09 (대분수)×(자연수), (자연수)×(대분수)

5-2-2
분수의 곱셈
((진분수)×(자연수),
(자연수)×(진분수))

5-2-2
분수의 곱셈
((대분수)×(자연수),
(자연수)×(대분수))

5-2-2
분수의 곱셈
((대분수)×(대분수))

기억해 볼까요?

분수의 곱셈을 하세요.

① $\dfrac{3}{8} \times 6 =$

② $4 \times \dfrac{5}{12} =$

30초 개념

(대분수)×(자연수), (자연수)×(대분수)는 대분수를 가분수로 바꾸어 곱하거나 대분수를 자연수와 진분수의 합으로 나타내어 곱하는 **2**가지 방법이 있어요.

◎ $1\dfrac{3}{4} \times 3$의 계산

방법1 대분수를 가분수로 바꾸어 곱해요.

$$1\frac{3}{4} \times 3 = \frac{7}{4} \times 3 = \frac{7 \times 3}{4} = \frac{21}{4} = 5\frac{1}{4}$$

방법2 대분수의 자연수와 진분수에 자연수를 각각 곱해요.

$$1\frac{3}{4} \times 3 = (1 \times 3) + \left(\frac{3}{4} \times 3\right) = 3 + \frac{9}{4} = 3 + 2\frac{1}{4} = 5\frac{1}{4}$$

◎ $2 \times 1\dfrac{2}{3}$의 계산

방법1 대분수를 가분수로 바꾸어 곱해요.

$$2 \times 1\frac{2}{3} = 2 \times \frac{5}{3} = \frac{2 \times 5}{3} = \frac{10}{3} = 3\frac{1}{3}$$

방법2 자연수에 대분수의 자연수와 진분수를 각각 곱해요.

$$2 \times 1\frac{2}{3} = (2 \times 1) + \left(2 \times \frac{2}{3}\right) = 2 + \frac{4}{3} = 2 + 1\frac{1}{3} = 3\frac{1}{3}$$

(대분수) × (자연수),
(자연수) × (대분수)의
계산 방법은 같아요.

🦴 ☐ 안에 알맞은 수를 써넣으세요.

① $1\dfrac{1}{3} \times 6 = \dfrac{\boxed{}}{\cancel{3}} \times \cancel{6} \times \dfrac{\boxed{}}{\boxed{}} = \boxed{}$

대분수의 곱셈은 대분수를
가분수로 바꾼 후 약분해요.

② $2 \times 2\dfrac{3}{4} = \cancel{2} \times \dfrac{\boxed{}}{\cancel{4}} = \dfrac{\boxed{}}{\boxed{}} = \boxed{}$

③ $1\dfrac{3}{8} \times 12 = \dfrac{\boxed{}}{\cancel{8}} \times \cancel{12} \times \dfrac{\boxed{}}{\boxed{}} = \boxed{}$

대분수를 자연수와 진분수의
합으로 나타내어 계산해요.

④ $9 \times 2\dfrac{5}{6} = \cancel{9} \times \dfrac{\boxed{}}{\cancel{6}} = \dfrac{\boxed{}}{\boxed{}} = \boxed{}$

⑤ $4\dfrac{2}{15} \times 5 = (4 \times \boxed{}) + \left(\dfrac{2}{15} \times 5\right) = \boxed{} + \dfrac{2 \times \cancel{5}}{\cancel{15}} = \boxed{} + \dfrac{\boxed{}}{\boxed{}} = \boxed{}$

⑥ $8 \times 3\dfrac{7}{10} = (\boxed{} \times 3) + \left(8 \times \dfrac{7}{10}\right) = \boxed{} + \dfrac{8 \times 7}{\cancel{10}} = \boxed{} + \dfrac{\boxed{}}{\boxed{}}$

$= \boxed{} + \boxed{} \dfrac{\boxed{}}{\boxed{}} = \boxed{}$

🦴 분수의 곱셈을 하세요.

> 대분수의 곱셈은 가장 먼저 대분수를 가분수로 바꾸고 약분이 가능하면 약분해요.

1 $2\dfrac{1}{3} \times 5 =$

2 $1\dfrac{2}{5} \times 3 =$

3 $2\dfrac{1}{2} \times 3 =$

4 $1\dfrac{3}{4} \times 3 =$

5 $2\dfrac{3}{5} \times 2 =$

6 $1\dfrac{2}{9} \times 2 =$

7 $1\dfrac{3}{4} \times 2 =$

8 $2\dfrac{3}{5} \times 10 =$

9 $2\dfrac{7}{8} \times 4 =$

10 $2\dfrac{5}{6} \times 6 =$

11 $2\dfrac{2}{9} \times 6 =$

12 $1\dfrac{5}{8} \times 12 =$

13 $2\dfrac{7}{10} \times 15 =$

14 $1\dfrac{5}{12} \times 16 =$

🦴 분수의 곱셈을 하세요.

① $3 \times 1\dfrac{1}{4} =$

② $2 \times 3\dfrac{1}{3} =$

③ $2 \times 1\dfrac{3}{5} =$

④ $5 \times 1\dfrac{2}{7} =$

⑤ $7 \times 1\dfrac{3}{10} =$

⑥ $3 \times 2\dfrac{5}{11} =$

⑦ $4 \times 2\dfrac{3}{4} =$

⑧ $6 \times 3\dfrac{2}{3} =$

⑨ $4 \times 1\dfrac{1}{8} =$

⑩ $5 \times 3\dfrac{9}{10} =$

⑪ $10 \times 1\dfrac{3}{8} =$

⑫ $9 \times 1\dfrac{7}{12} =$

⑬ $24 \times 1\dfrac{9}{16} =$

⑭ $27 \times 1\dfrac{5}{18} =$

🍗 분수의 곱셈을 하세요.

① $3\dfrac{1}{2} \times 8 =$

② $1\dfrac{3}{4} \times 2 =$

③ $1\dfrac{5}{6} \times 8 =$

④ $2\dfrac{7}{8} \times 12 =$

⑤ $3\dfrac{2}{9} \times 6 =$

⑥ $1\dfrac{3}{10} \times 12 =$

⑦ $2\dfrac{1}{25} \times 15 =$

⑧ $6 \times 5\dfrac{1}{2} =$

⑨ $3 \times 2\dfrac{2}{3} =$

⑩ $4 \times 3\dfrac{5}{8} =$

⑪ $9 \times 2\dfrac{1}{6} =$

⑫ $15 \times 3\dfrac{3}{5} =$

⑬ $21 \times 2\dfrac{3}{14} =$

⑭ $12 \times 1\dfrac{7}{16} =$

설명해 보세요

 $2\dfrac{3}{5} \times 3$을 여러 가지 방법으로 계산하고 그 과정을 설명해 보세요.

개념 키우기

🦴 빈칸에 알맞은 수를 써넣으세요.

①
$\times$	
$1\frac{5}{6}$	3
10	$2\frac{4}{5}$

②
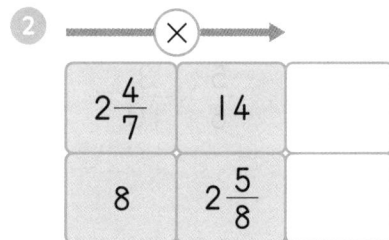

③
$\times$	
15	$1\frac{3}{10}$
$2\frac{1}{25}$	3

④
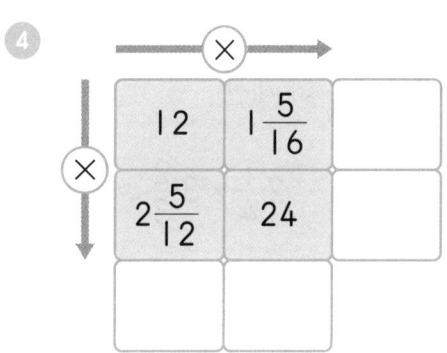

도전해 보세요

① 하늘이의 몸무게는 $35\ \text{kg}$이고, 산이의 몸무게는 하늘이 몸무게의 $1\frac{1}{7}$배입니다. 산이의 몸무게는 몇 kg일까요?

( )

② 한 변의 길이가 $2\frac{3}{8}\ \text{m}$인 정사각형의 둘레는 몇 m일까요?

( )

기억해 볼까요?

분수의 곱셈을 하세요.

① $\dfrac{5}{6} \times \dfrac{3}{10} =$

② $\dfrac{1}{8} \times \dfrac{1}{4} =$

30초 개념

대분수끼리의 곱셈은 대분수를 가분수로 바꾼 다음 분모는 분모끼리, 분자는 분자끼리 곱해요.

$2\dfrac{1}{4} \times 3\dfrac{2}{3}$의 계산

$$2\dfrac{1}{4} \times 3\dfrac{2}{3} = \dfrac{\overset{3}{9}}{4} \times \dfrac{11}{\underset{1}{3}} = \dfrac{3 \times 11}{4 \times 1} = \dfrac{33}{4} = 8\dfrac{1}{4}$$

대분수 → 가분수

> 직사각형의 넓이를 이용하여 대분수끼리의 곱셈을 이해할 수 있어요.

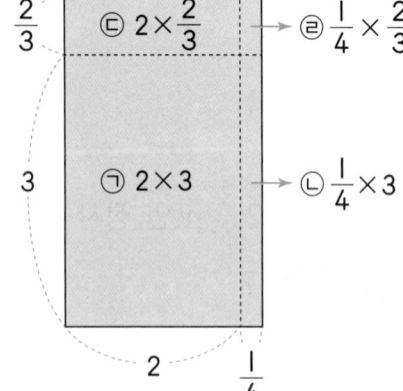

$$2\dfrac{1}{4} \times 3\dfrac{2}{3} = \underset{\textㄱ}{2 \times 3} + \underset{\textㄴ}{\dfrac{1}{4} \times 3} + \underset{\textㄷ}{2 \times \dfrac{2}{3}} + \underset{\textㄹ}{\dfrac{1}{\underset{2}{4}} \times \dfrac{2}{3}}$$

$$= 6 + \dfrac{3}{4} + \dfrac{4}{3} + \dfrac{1}{6}$$

$$= 6 + \dfrac{9}{12} + \dfrac{16}{12} + \dfrac{2}{12} = 6 + \dfrac{27}{12}$$

$$= 6 + 2\dfrac{3}{12} = 6 + 2\dfrac{1}{4} = 8\dfrac{1}{4}$$

🍗 ☐ 안에 알맞은 수를 써넣으세요.

대분수를 가분수로 나타내고
약분이 가능하면 약분해요.

① $1\dfrac{1}{5} \times 2\dfrac{2}{3} = \dfrac{6}{5} \times \dfrac{8}{3} = \dfrac{\Box}{\Box} = \Box$

② $2\dfrac{1}{4} \times 4\dfrac{2}{3} = \dfrac{\Box}{4} \times \dfrac{\Box}{3} = \dfrac{\Box}{\Box} = \Box$

③ $2\dfrac{5}{6} \times 2\dfrac{1}{4} = \dfrac{\Box}{6} \times \dfrac{\Box}{4} = \dfrac{\Box}{\Box} = \Box$

④ $2\dfrac{1}{3} \times 1\dfrac{2}{7} = \dfrac{\Box}{3} \times \dfrac{\Box}{7} = \Box$

⑤ $1\dfrac{2}{7} \times 1\dfrac{2}{5} = \dfrac{\Box}{7} \times \dfrac{\Box}{5} = \dfrac{\Box}{\Box} = \Box$

⑥ $1\dfrac{2}{3} \times 1\dfrac{1}{5} = \dfrac{\Box}{3} \times \dfrac{\Box}{5} = \Box$

분수의 곱셈을 하세요.

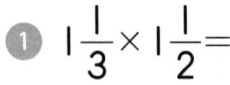

대분수의 곱셈은 반드시
대분수를 가분수로 바꿔야 해요.

1 $1\dfrac{1}{3} \times 1\dfrac{1}{2} =$

2 $2\dfrac{3}{4} \times 1\dfrac{1}{3} =$

3 $1\dfrac{1}{4} \times 2\dfrac{2}{3} =$

4 $5\dfrac{1}{3} \times 1\dfrac{1}{8} =$

5 $2\dfrac{2}{5} \times 1\dfrac{3}{4} =$

6 $2\dfrac{5}{6} \times 1\dfrac{5}{7} =$

7 $2\dfrac{1}{6} \times 1\dfrac{5}{13} =$

8 $2\dfrac{2}{9} \times 1\dfrac{3}{10} =$

9 $2\dfrac{1}{10} \times 1\dfrac{3}{7} =$

10 $3\dfrac{1}{7} \times 2\dfrac{5}{11} =$

11 $2\dfrac{7}{8} \times 1\dfrac{1}{15} =$

12 $6\dfrac{2}{3} \times 2\dfrac{3}{10} =$

13 $3\dfrac{3}{10} \times 1\dfrac{9}{11} =$

14 $3\dfrac{1}{15} \times 2\dfrac{3}{23} =$

🍖 분수의 곱셈을 하세요.

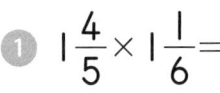

약분을 하면 수가 작아져서
계산하기 편리해요.

① $1\dfrac{4}{5} \times 1\dfrac{1}{6} =$

② $2\dfrac{1}{4} \times 2\dfrac{1}{6} =$

③ $3\dfrac{3}{5} \times 2\dfrac{3}{8} =$

④ $2\dfrac{2}{7} \times 1\dfrac{5}{6} =$

⑤ $3\dfrac{1}{5} \times 1\dfrac{3}{10} =$

⑥ $1\dfrac{5}{8} \times 2\dfrac{2}{5} =$

⑦ $1\dfrac{5}{9} \times 2\dfrac{5}{8} =$

⑧ $2\dfrac{4}{7} \times 2\dfrac{5}{8} =$

⑨ $4\dfrac{4}{9} \times 1\dfrac{5}{16} =$

⑩ $4\dfrac{1}{6} \times 2\dfrac{2}{15} =$

⑪ $1\dfrac{1}{20} \times 3\dfrac{3}{14} =$

⑫ $2\dfrac{11}{12} \times 1\dfrac{1}{15} =$

⑬ $1\dfrac{7}{15} \times 2\dfrac{5}{8} =$

⑭ $1\dfrac{1}{10} \times 2\dfrac{2}{9} =$

개념 다지기

🍗 분수의 곱셈을 하세요.

① $2\frac{2}{3} \times \frac{6}{8} =$

② $\frac{4}{7} \times 3\frac{1}{2} =$

③ $2\frac{2}{11} \times \frac{1}{4} =$

④ $\frac{4}{7} \times 1\frac{3}{8} =$

⑤ $4\frac{2}{3} \times 1\frac{5}{7} =$

⑥ $6\frac{7}{8} \times 1\frac{3}{5} =$

⑦ $5\frac{5}{9} \times 2\frac{2}{5} =$

⑧ $2\frac{4}{5} \times 1\frac{5}{7} =$

⑨ $3\frac{1}{15} \times 5\frac{5}{8} =$

⑩ $6\frac{2}{7} \times 2\frac{6}{11} =$

⑪ $4\frac{4}{9} \times 2\frac{1}{10} =$

⑫ $7\frac{1}{7} \times 2\frac{9}{20} =$

⑬ $3\frac{3}{7} \times 5\frac{5}{6} =$

⑭ $1\frac{7}{8} \times 3\frac{2}{5} =$

설명해 보세요

$1\frac{1}{2} \times 2\frac{1}{3}$ 을 계산하고 그 과정을 설명해 보세요.

개념 키우기

🦴 빈칸에 알맞은 수를 써넣으세요.

①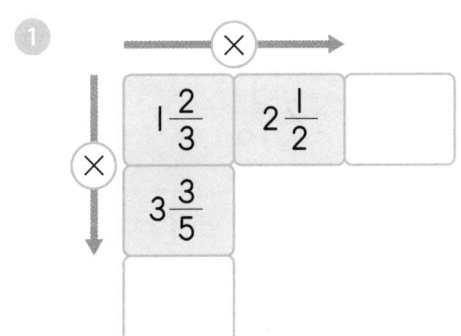

②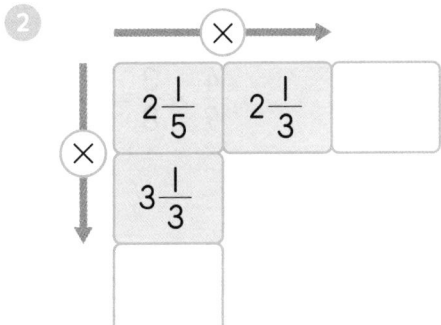

③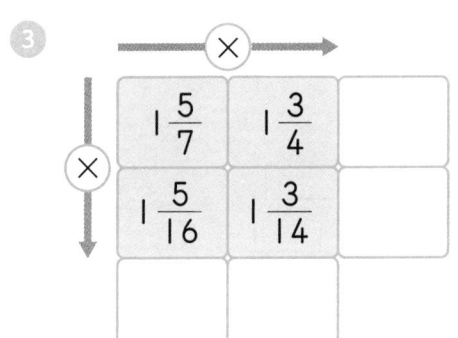

④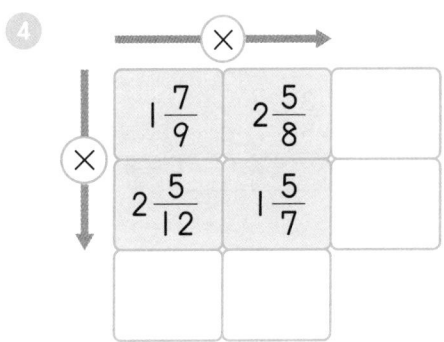

 도전해 보세요

① 직사각형의 넓이를 구하세요.

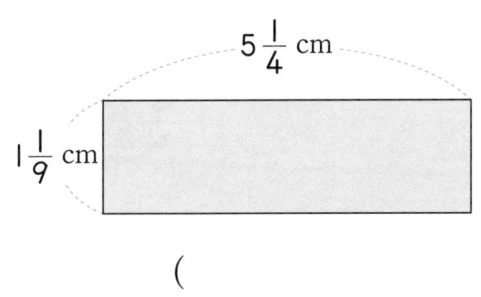

$5\frac{1}{4}$ cm

$1\frac{1}{9}$ cm

( )

② 주어진 수 카드를 한 번씩만 사용하여 만들 수 있는 가장 큰 대분수와 가장 작은 대분수의 곱은 얼마일까요?

$\boxed{3}$ $\boxed{4}$ $\boxed{5}$

( )

11 세 분수의 곱셈

기억해 볼까요?

분수의 곱셈을 하세요.

① $\dfrac{4}{9} \times \dfrac{3}{8} =$

② $1\dfrac{1}{9} \times 2\dfrac{1}{16} =$

30초 개념

세 분수의 곱셈은 앞에서부터 차례로 계산하거나 세 분수를 한꺼번에 분모는 분모끼리, 분자는 분자끼리 곱해요.

◎ $\dfrac{3}{5} \times \dfrac{2}{3} \times \dfrac{1}{2}$ 의 계산

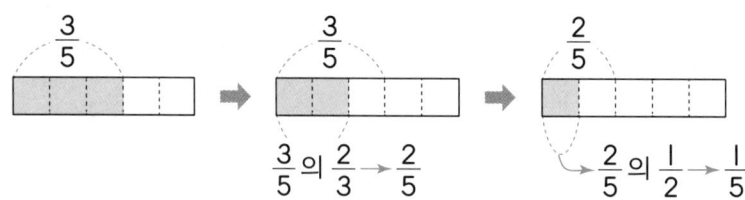

$\dfrac{3}{5}$ 의 $\dfrac{2}{3} \to \dfrac{2}{5}$　　$\dfrac{2}{5}$ 의 $\dfrac{1}{2} \to \dfrac{1}{5}$

방법1 앞에서부터 차례로 곱해요.

$$\dfrac{3}{5} \times \dfrac{2}{3} \times \dfrac{1}{2} = \left(\dfrac{3}{5} \times \dfrac{2}{3}\right) \times \dfrac{1}{2} = \dfrac{2}{5} \times \dfrac{1}{2} = \dfrac{1}{5}$$

방법2 세 분수를 한꺼번에 분모끼리, 분자끼리 곱해요.

$$\dfrac{3}{5} \times \dfrac{2}{3} \times \dfrac{1}{2} = \dfrac{1}{5}$$

◎ 대분수가 섞인 세 분수의 곱셈

$$1\dfrac{2}{3} \times \dfrac{4}{5} \times \dfrac{3}{7} = \dfrac{5}{3} \times \dfrac{4}{5} \times \dfrac{3}{7} = \dfrac{4}{7}$$

대분수 → 가분수

> 세 분수의 곱셈에서 대분수가 있으면 먼저 대분수를 가분수로 바꿔서 계산해요.

🦴 □ 안에 알맞은 수를 써넣으세요.

세 분수의 곱셈은 앞의 두 분수를 먼저 곱하거나 한꺼번에 분모끼리, 분자끼리 계산할 수 있어요.

① $\dfrac{1}{2} \times \dfrac{1}{4} \times \dfrac{3}{5} = \left(\dfrac{1}{2} \times \dfrac{1}{\square}\right) \times \dfrac{3}{5} = \dfrac{\square}{\square} \times \dfrac{3}{5} = \square$

② $\dfrac{1}{3} \times \dfrac{1}{4} \times \dfrac{1}{5} = \dfrac{\square \times \square \times \square}{\square \times \square \times \square} = \square$

③ $\dfrac{2}{3} \times \dfrac{3}{5} \times \dfrac{3}{4} = \left(\dfrac{2}{\square} \times \dfrac{\square}{5}\right) \times \dfrac{3}{4} = \dfrac{\square}{\square} \times \dfrac{3}{4} = \square$

분모끼리, 분자끼리 계산할 때 약분을 하면 더 간단히 계산할 수 있어요.

④ $\dfrac{2}{3} \times \dfrac{1}{4} \times \dfrac{3}{5} = \dfrac{\square \times \square \times \square}{\square \times \square \times \square} = \square$

⑤ $1\dfrac{3}{5} \times 1\dfrac{1}{6} \times \dfrac{2}{7} = \dfrac{\square}{5} \times \dfrac{\square}{6} \times \dfrac{2}{7} = \left(\dfrac{\square}{5} \times \dfrac{\square}{6}\right) \times \dfrac{2}{7} = \dfrac{\square}{\square} \times \dfrac{2}{7} = \square$

대분수 → 가분수

⑥ $2\dfrac{1}{4} \times \dfrac{1}{3} \times \dfrac{4}{9} = \dfrac{\square}{4} \times \dfrac{1}{3} \times \dfrac{4}{9} = \square$

⑦ $2\dfrac{1}{2} \times 1\dfrac{1}{3} \times \dfrac{2}{5} = \dfrac{\square}{2} \times \dfrac{\square}{3} \times \dfrac{\square}{5} = \dfrac{\square}{\square} = \square$

분수의 곱셈을 하세요.

세 분수의 곱셈에서 약분이 가능하면 약분을 먼저 해요. 계산이 더 쉬워져요.

1. $\dfrac{1}{3} \times \dfrac{2}{5} \times \dfrac{4}{5} = \dfrac{\boxed{} \times \boxed{} \times \boxed{}}{3 \times 5 \times 5} = \dfrac{\boxed{}}{75}$

2. $\dfrac{4}{5} \times \dfrac{3}{4} \times \dfrac{2}{3} = \dfrac{\cancel{4} \times \cancel{3} \times 2}{5 \times \cancel{4} \times \cancel{3}} = \boxed{}$

3. $\dfrac{5}{6} \times \dfrac{1}{3} \times \dfrac{1}{4} =$

4. $\dfrac{1}{2} \times \dfrac{3}{4} \times \dfrac{5}{6} =$

5. $\dfrac{3}{4} \times \dfrac{2}{5} \times \dfrac{5}{12} =$

6. $\dfrac{7}{8} \times \dfrac{4}{9} \times \dfrac{3}{10} =$

7. $\dfrac{5}{6} \times \dfrac{3}{7} \times \dfrac{7}{10} =$

8. $\dfrac{8}{9} \times \dfrac{5}{12} \times \dfrac{3}{10} =$

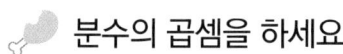 분수의 곱셈을 하세요.

① $2\dfrac{2}{3} \times \dfrac{3}{4} \times \dfrac{5}{7} =$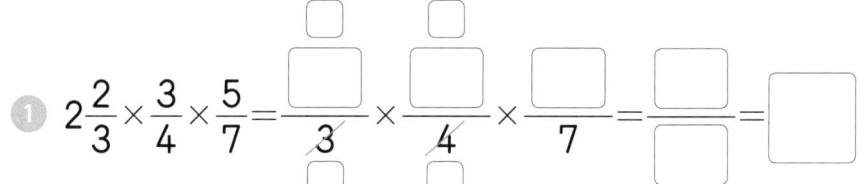

② $1\dfrac{1}{6} \times \dfrac{5}{8} \times \dfrac{3}{7} =$

③ $\dfrac{7}{12} \times 1\dfrac{3}{5} \times \dfrac{6}{21} =$

④ $\dfrac{4}{5} \times \dfrac{3}{8} \times 2\dfrac{1}{12} =$

⑤ $\dfrac{2}{7} \times 1\dfrac{3}{4} \times 2\dfrac{1}{4} =$

⑥ $3\dfrac{3}{7} \times 2\dfrac{1}{4} \times \dfrac{5}{9} =$

⑦ $1\dfrac{5}{7} \times 1\dfrac{5}{6} \times 2\dfrac{1}{3} =$

⑧ $1\dfrac{7}{8} \times 3\dfrac{1}{3} \times 1\dfrac{1}{15} =$

🍗 분수의 곱셈을 하세요.

> 자연수가 섞인 세 수의 곱셈은 자연수를 분모와 약분할 수 있는지 살펴봐요.

① $\dfrac{5}{6} \times \dfrac{2}{5} \times 6 =$

② $12 \times \dfrac{5}{7} \times \dfrac{7}{16} =$

③ $1\dfrac{1}{6} \times 8 \times \dfrac{5}{7} =$

④ $4\dfrac{1}{2} \times \dfrac{7}{12} \times 8 =$

⑤ $6\dfrac{1}{4} \times 9 \times 2\dfrac{2}{15} =$

⑥ $10 \times 3\dfrac{3}{5} \times 1\dfrac{2}{9} =$

⑦ $2\dfrac{2}{7} \times 1\dfrac{3}{8} \times 4 =$

⑧ $4\dfrac{1}{2} \times 10 \times 2\dfrac{2}{3} =$

설명해 보세요

$2\dfrac{1}{4} \times \dfrac{8}{9} \times \dfrac{3}{4}$ 을 여러 가지 방법으로 계산하고 그 과정을 설명해 보세요.

개념 키우기

🦴 세 수의 곱셈식을 쓰고 계산하세요.

① $\dfrac{3}{4}$ $\dfrac{4}{5}$ $\dfrac{2}{9}$

곱셈식 _____

답 _____

② $\dfrac{5}{6}$ $\dfrac{7}{10}$ 8

곱셈식 _____

답 _____

③ $2\dfrac{1}{5}$ $1\dfrac{5}{22}$ $2\dfrac{2}{9}$

곱셈식 _____

답 _____

④ $2\dfrac{1}{6}$ $\dfrac{3}{26}$ 10

곱셈식 _____

답 _____

도전해 보세요

① 가을이네 반의 $\dfrac{1}{2}$은 남학생입니다. 남학생 중에서 $\dfrac{2}{3}$는 운동을 좋아하고, 운동을 좋아하는 남학생 중에서 $\dfrac{7}{10}$은 태권도를 배웠습니다. 가을이네 반에 운동을 좋아하면서 태권도를 배운 남학생은 전체의 몇 분의 몇일까요?

(   )

② 가로가 $3\dfrac{1}{2}$ cm, 세로가 $1\dfrac{3}{14}$ cm인 직사각형 모양의 테이프 8장을 겹치는 부분 없이 이어 붙였습니다. 테이프를 붙인 부분의 넓이는 몇 cm²일까요?

(   )

 **무엇을 배우나요?**

- (자연수) ÷ (자연수)의 몫을 분수로 나타낼 수 있어요.
- (분수) ÷ (자연수)의 계산 원리를 이해하고 계산할 수 있어요.
- (대분수) ÷ (자연수)의 계산 원리를 이해하고 계산할 수 있어요.
- (자연수) ÷ (분수)의 계산 원리를 이해하고 계산할 수 있어요.
- 분수의 나눗셈을 분수의 곱셈으로 바꾸어 계산할 수 있어요.
- (분수) ÷ (분수)의 계산 원리를 이해하고 계산할 수 있어요.

4-2-1

분수

분모가 같은 분수의 덧셈

분모가 같은 분수의 뺄셈

1-(진분수)

(자연수)-(대분수)

5-1-4

약분과 통분

크기가 같은 분수 알기

분수를 간단하게 나타내기
(약분)

통분 알기

분수의 크기 비교

5-2-2

분수의 곱셈

(분수)×(자연수)

(자연수)×(분수)

진분수의 곱셈

여러 가지 분수의 곱셈

6-1-1

분수의 나눗셈

(자연수)÷(자연수)의 몫을
분수로 나타내기

(분수)÷(자연수)를
분수의 곱셈으로 나타내기

(대분수)÷(자연수)

6-2-1

분수의 나눗셈

(분수)÷(분수) 알기

(자연수)÷(분수)

(분수)÷(분수)를
(분수)×(분수)로 나타내기

(분수)÷(분수) 계산하기

2장 분수의 나눗셈	초등 4, 5학년(18일 진도)	초등 6학년(10일 진도)
	하루 한 단계씩 공부해요	하루 한 단계씩 공부해요

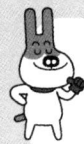

권장 진도표에 맞춰 공부하고, 공부한 단계에 해당하는 조각에 색칠하세요.

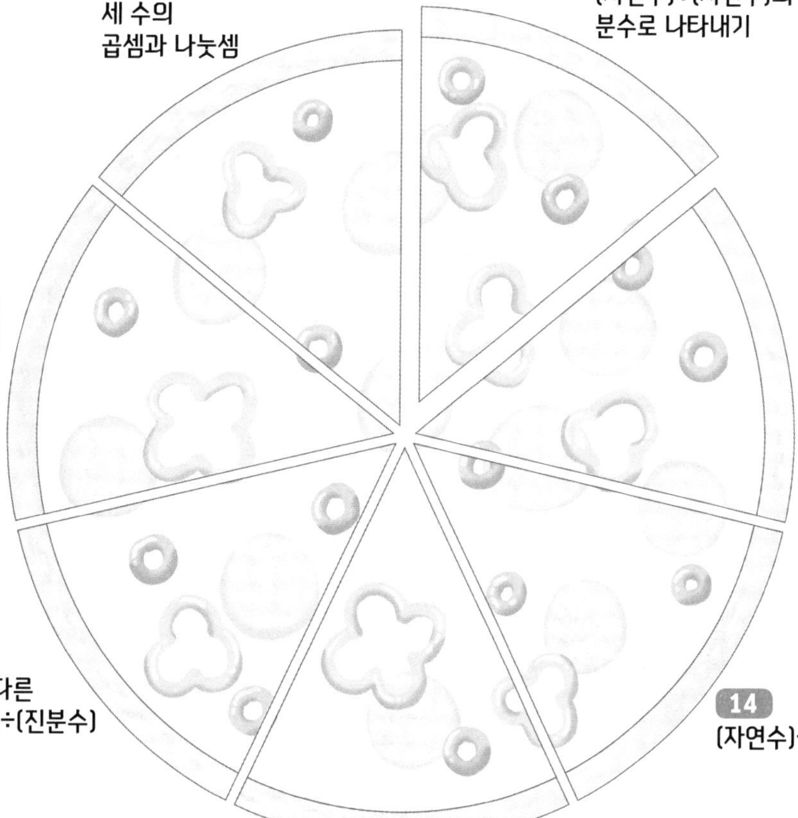

18 세 수의 곱셈과 나눗셈
12 (자연수)÷(자연수)의 몫을 분수로 나타내기
17 대분수가 있는 분수의 나눗셈
13 (분수)÷(자연수)
16 분모가 다른 (진분수)÷(진분수)
14 (자연수)÷(분수)
15 분모가 같은 (진분수)÷(진분수)

기억해 볼까요?

기약분수로 나타내세요.

① $\dfrac{12}{15} = \dfrac{\square}{\square}$

② $\dfrac{14}{21} = \dfrac{\square}{\square}$

30초 개념

(자연수)÷(자연수)의 몫은 나누어지는 수를 분자로, 나누는 수를 분모로 나타내요.

🎯 2÷3의 몫을 분수로 나타내기

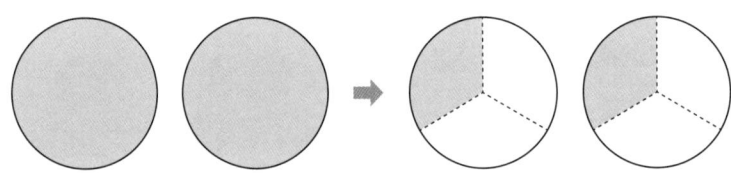

나누어지는 수는 분자로

$$2 \div 3 = \dfrac{2}{3}$$

나누는 수는 분모로

계산 결과가 가분수이면
대분수로 나타내요.

$$5 \div 4 = \dfrac{5}{4} = 1\dfrac{1}{4}$$

대분수로 나타내요.

나눗셈의 몫을 그림을 이용하여 분수로 나타내세요.

① $1 \div 4 = \dfrac{\boxed{}}{4}$

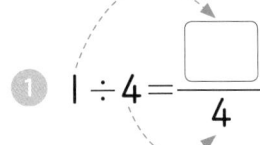

② $1 \div 5 = \dfrac{\boxed{}}{5}$

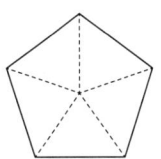

③ $1 \div 6 = \dfrac{\boxed{}}{\boxed{}}$

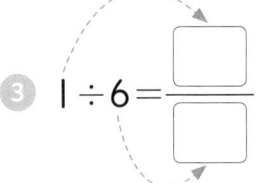

④ $1 \div 7 = \dfrac{\boxed{}}{\boxed{}}$

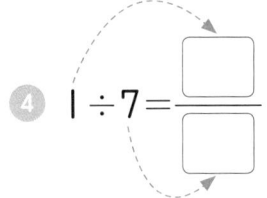

⑤ $2 \div 3 = \dfrac{\boxed{}}{\boxed{}}$

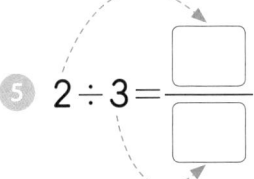

⑥ $3 \div 4 = \dfrac{\boxed{}}{\boxed{}}$

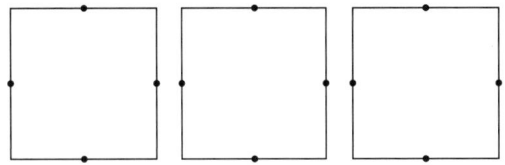

⑦ $2 \div 5 = \dfrac{\boxed{}}{\boxed{}}$

⑧ $3 \div 7 = \dfrac{\boxed{}}{\boxed{}}$

🦴 나눗셈의 몫을 기약분수로 나타내세요.

① $3 \div 5 = \dfrac{\boxed{}}{\boxed{}}$

② $2 \div 7 = \dfrac{\boxed{}}{\boxed{}}$

약분이 되면 약분해요.

③ $3 \div 6 = \dfrac{\boxed{}}{6} = \dfrac{\boxed{}}{2}$

④ $2 \div 8 = \dfrac{\boxed{}}{8} = \dfrac{\boxed{}}{4}$

⑤ $3 \div 9 =$

⑥ $4 \div 6 =$

⑦ $4 \div 8 =$

⑧ $2 \div 10 =$

⑨ $3 \div 12 =$

⑩ $5 \div 10 =$

⑪ $6 \div 8 =$

⑫ $6 \div 9 =$

🦴 나눗셈의 몫을 대분수로 나타내세요.

① $3 \div 2 = \dfrac{\boxed{}}{2} = \boxed{}$

└─ 대분수로 나타내요.

② $4 \div 3 = \dfrac{\boxed{}}{\boxed{}} = \boxed{}$

└─ 대분수로 나타내요.

③ $5 \div 2 =$

④ $5 \div 3 =$

⑤ $6 \div 5 =$

⑥ $7 \div 4 =$

⑦ $6 \div 4 = \dfrac{\boxed{}}{4} = \dfrac{\boxed{}}{\boxed{}} = \boxed{}$

⑧ $8 \div 6 = \dfrac{\boxed{}}{6} = \dfrac{\boxed{}}{\boxed{}} = \boxed{}$

⑨ $9 \div 6 =$

⑩ $14 \div 4 =$

⑪ $10 \div 8 =$

⑫ $12 \div 9 =$

개념 다지기

🍗 나눗셈의 몫을 분수로 나타내세요.

① $6 \div 4 = \dfrac{\square}{\square} = \dfrac{\square}{\square} = \square$

② $6 \div 10 = \dfrac{\square}{\square} = \square$

③ $7 \div 3 =$

④ $7 \div 9 =$

⑤ $8 \div 5 =$

⑥ $8 \div 10 =$

⑦ $9 \div 4 =$

⑧ $9 \div 12 =$

⑨ $10 \div 6 =$

⑩ $10 \div 14 =$

⑪ $12 \div 8 =$

⑫ $13 \div 15 =$

설명해 보세요

그림을 그려서 $3 \div 4 = \dfrac{3}{4}$ 임을 설명해 보세요.

개념 키우기

🦴 빈칸에 알맞은 수를 써넣으세요.

1 ÷

	÷	
14	8	
20	40	

2 ÷

	÷	
25	10	
15	12	

3 ÷

	÷	
18	27	
12	30	

4 ÷

	÷	
24	40	
16	28	

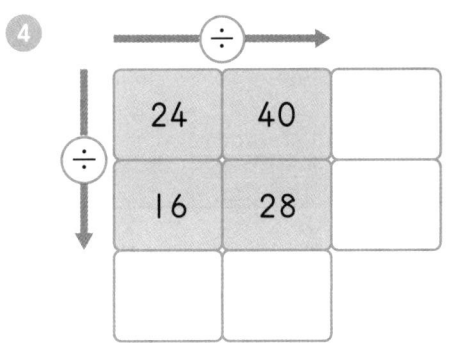

도전해 보세요

1 길이가 7 m인 리본을 똑같이 4조각으로 나누었습니다. 리본 한 조각은 몇 m일까요?

(   )

2 1부터 9까지의 자연수 중에서 주어진 식을 만족하는 수를 찾아 ☐ 안에 알맞게 써넣으세요.

$$\boxed{} \div \boxed{} = 1\frac{4}{5}$$

13 (분수)÷(자연수)

기억해 볼까요?

나눗셈의 몫을 분수로 나타내세요.

① $5 \div 8 = \dfrac{\square}{\square}$

② $6 \div 14 = \dfrac{\square}{\square}$

30초 개념

(분수)÷(자연수)는 (분수)$\times \dfrac{1}{(자연수)}$로 바꾸어 계산하면 편해요.

🎯 $\dfrac{6}{7} \div 3$의 계산

$\dfrac{6}{7} \div 3 \Rightarrow \dfrac{6}{7}$의 $\dfrac{1}{3} \Rightarrow \dfrac{6}{7} \times \dfrac{1}{3}$

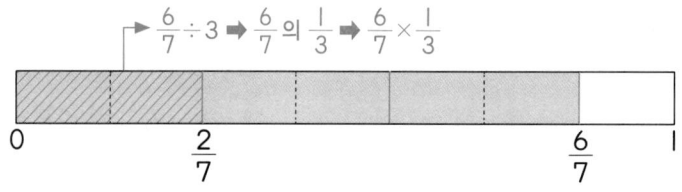

0　　　$\dfrac{2}{7}$　　　　　$\dfrac{6}{7}$　　1

방법1 분자를 자연수로 나누어요.

$$\dfrac{6}{7} \div 3 = \dfrac{6 \div 3}{7} = \dfrac{2}{7}$$

분모는 그대로

방법2 분수의 곱셈으로 나타내요.

$$\dfrac{6}{7} \div 3 = \dfrac{\overset{2}{\cancel{6}}}{7} \times \dfrac{1}{\underset{1}{\cancel{3}}} = \dfrac{2}{7}$$

$\div$(자연수)를 $\times \dfrac{1}{(자연수)}$ 로

> 대분수는 가분수로
> 나타낸 후 계산해요.

$$1\dfrac{3}{4} \div 5 = \dfrac{7}{4} \div 5 = \dfrac{7}{4} \times \dfrac{1}{5} = \dfrac{7}{20}$$

가분수로 나타내요.　　$\div$(자연수)를 $\times \dfrac{1}{(자연수)}$ 로 바꾸어요.

🍗 분수의 나눗셈을 수직선으로 나타내어 구하세요.

1 $\dfrac{6}{7} \div 2 = \dfrac{\boxed{}}{\boxed{}}$

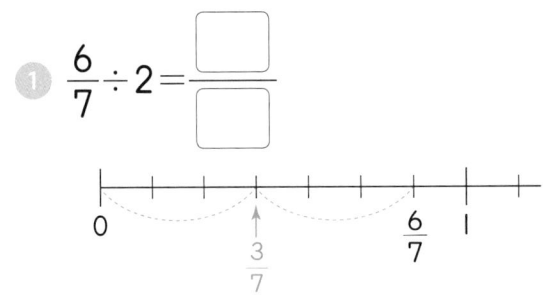

2 $\dfrac{3}{5} \div 3 = \dfrac{\boxed{}}{\boxed{}}$

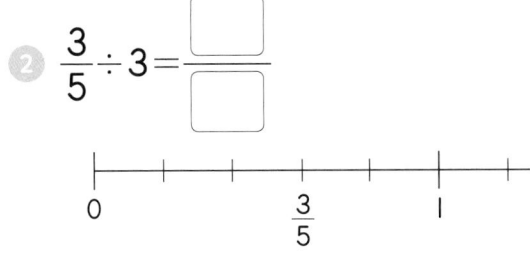

> 분수만큼 수직선에 나타내고
> 자연수로 똑같이 나누어요.

3 $\dfrac{8}{9} \div 2 = \dfrac{\boxed{}}{\boxed{}}$

4 $\dfrac{9}{10} \div 3 = \dfrac{\boxed{}}{\boxed{}}$

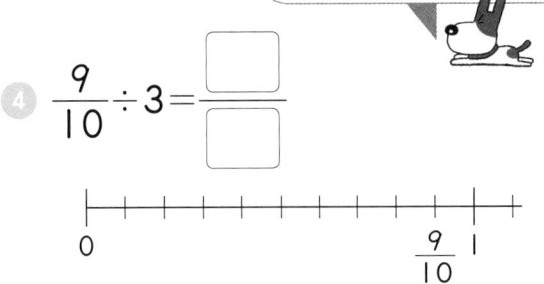

🍗 분수의 나눗셈을 분수의 곱셈으로 나타내어 계산하세요.

5 $\dfrac{2}{5} \div 3 = \dfrac{2}{5} \times \dfrac{1}{\boxed{}} = \dfrac{2}{\boxed{}}$

÷(자연수)를 $\times \dfrac{1}{(자연수)}$ 로

6 $\dfrac{5}{6} \div 2 = \dfrac{5}{6} \times \dfrac{1}{\boxed{}} = \dfrac{5}{\boxed{}}$

7 $\dfrac{5}{7} \div 3 = \dfrac{5}{7} \times \dfrac{1}{\boxed{}} = \dfrac{5}{\boxed{}}$

8 $\dfrac{3}{8} \div 2 = \dfrac{3}{8} \times \dfrac{1}{\boxed{}} = \dfrac{3}{\boxed{}}$

🍗 분자를 자연수로 나누어 계산하세요.

① $\dfrac{4}{7} \div 2 = \dfrac{4 \div \boxed{}}{7} = \boxed{}$

분자가 나누는 자연수의 배수이면
분자를 자연수로 나누어요.

② $\dfrac{6}{7} \div 3 = \dfrac{\boxed{} \div \boxed{}}{7} = \boxed{}$

③ $\dfrac{8}{9} \div 4 =$

④ $\dfrac{6}{11} \div 2 =$

⑤ $\dfrac{10}{7} \div 5 =$

⑥ $\dfrac{12}{10} \div 4 =$

대분수 → 가분수

⑦ $1\dfrac{2}{3} \div 5 = \dfrac{\boxed{}}{\boxed{}} \div 5$

$= \dfrac{\boxed{} \div \boxed{}}{\boxed{}} = \boxed{}$

⑧ $1\dfrac{3}{5} \div 2 = \dfrac{\boxed{}}{\boxed{}} \div 2$

$= \dfrac{\boxed{} \div \boxed{}}{\boxed{}} = \boxed{}$

⑨ $1\dfrac{3}{7} \div 2 =$

⑩ $1\dfrac{5}{7} \div 4 =$

⑪ $2\dfrac{1}{4} \div 3 =$

⑫ $2\dfrac{2}{5} \div 6 =$

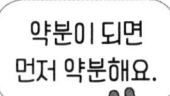

분수의 나눗셈을 분수의 곱셈으로 나타내어 계산하세요.

약분이 되면
먼저 약분해요.

① $\dfrac{5}{6} \div 3 = \dfrac{5}{6} \times \dfrac{1}{\boxed{}} = \dfrac{5}{\boxed{}}$

$\div$ (자연수)를 $\times \dfrac{1}{(자연수)}$ 로

② $\dfrac{6}{7} \div 3 = \dfrac{6}{7} \times \dfrac{1}{\boxed{}} = \dfrac{2}{\boxed{}}$

③ $\dfrac{8}{7} \div 4 =$

④ $\dfrac{9}{8} \div 3 =$

⑤ $\dfrac{12}{5} \div 4 =$

⑥ $\dfrac{5}{9} \div 5 =$

대분수 → 가분수

⑦ $1\dfrac{1}{5} \div 3 = \dfrac{\boxed{}}{\boxed{}} \times \dfrac{\boxed{}}{\boxed{}} = \dfrac{2}{\boxed{}}$

⑧ $1\dfrac{1}{7} \div 2 = \dfrac{\boxed{}}{\boxed{}} \times \dfrac{\boxed{}}{\boxed{}} = \dfrac{4}{\boxed{}}$

⑨ $1\dfrac{2}{7} \div 3 =$

⑩ $2\dfrac{2}{3} \div 4 =$

⑪ $1\dfrac{4}{7} \div 2 =$

⑫ $2\dfrac{1}{4} \div 3 =$

개념 다지기

🍗 분수의 나눗셈을 하세요.

약분이 되면
약분 먼저 해요.

① $\dfrac{5}{8} \div 2 =$

② $\dfrac{8}{11} \div 4 =$

③ $\dfrac{9}{10} \div 2 =$

④ $\dfrac{12}{7} \div 3 =$

⑤ $\dfrac{12}{10} \div 4 =$

⑥ $\dfrac{15}{8} \div 3 =$

⑦ $1\dfrac{3}{4} \div 2 =$

⑧ $1\dfrac{2}{5} \div 3 =$

⑨ $1\dfrac{5}{7} \div 6 =$

⑩ $1\dfrac{1}{8} \div 3 =$

결과가 가분수이면
대분수로 나타내요.

⑪ $2\dfrac{2}{5} \div 2 =$

⑫ $3\dfrac{1}{4} \div 2 =$

설명해 보세요

$\dfrac{8}{9} \div 4$ 를 여러 가지 방법으로 계산하고 그 과정을 설명해 보세요.

개념 키우기

✎ 빈 곳에 알맞은 수를 써넣으세요.

1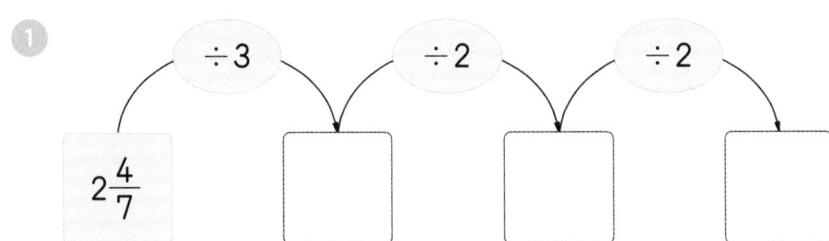

$2\frac{4}{7}$ ÷3 → ☐ ÷2 → ☐ ÷2 → ☐

2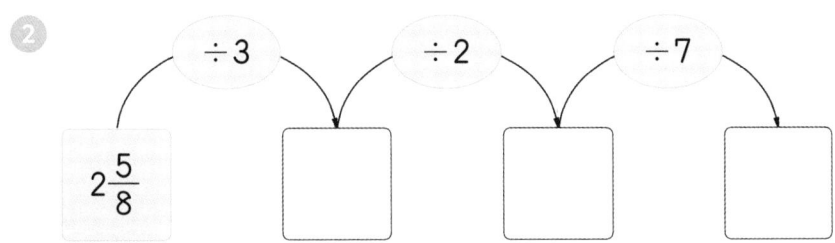

$2\frac{5}{8}$ ÷3 → ☐ ÷2 → ☐ ÷7 → ☐

도전해 보세요

🐾 지구에서 잰 무게는 달에서 잰 무게의 6배입니다. 물음에 답하세요.

1 지구에서 $33\frac{1}{3}$ kg인 민수는 달에서 몇 kg일까요?

(   )

2 지구에서 $10\frac{4}{5}$ kg인 동생은 달에서 몇 kg일까요?

(   )

기억해 볼까요?

분수의 나눗셈을 하세요.

① $\dfrac{3}{4} \div 2 =$

② $\dfrac{6}{7} \div 3 =$

30초 개념

(자연수)÷(분수)는 2가지 방법으로 계산할 수 있어요.

◎ $3 \div \dfrac{3}{4}$의 계산

방법1 자연수를 분자로 나누고 분모를 곱해요.

$$3 \div \dfrac{3}{4} = (3 \div 3) \times 4 = 4$$

방법2 ÷를 ×로 바꾸고 분모와 분자를 바꾸어 계산해요.

$$3 \div \dfrac{3}{4} = 3 \times \dfrac{4}{3} = 4$$

분모와 분자를 바꾸어 곱해요.

대분수는 가분수로
나타낸 후 계산해요!

$$4 \div 1\dfrac{2}{3} = 4 \div \dfrac{5}{3} = 4 \times \dfrac{3}{5} = \dfrac{12}{5} = 2\dfrac{2}{5}$$

대분수 → 가분수

🍗 자연수를 분자로 나누고 분모를 곱하여 계산하세요.

① $4 \div \dfrac{2}{3} = (4 \div \boxed{}) \times 3 = \boxed{}$

② $6 \div \dfrac{2}{5} = (6 \div \boxed{}) \times 5 = \boxed{}$

③ $8 \div \dfrac{2}{3} = (8 \div \boxed{}) \times \boxed{} = \boxed{}$

④ $8 \div \dfrac{4}{5} = (8 \div \boxed{}) \times \boxed{} = \boxed{}$

⑤ $9 \div \dfrac{3}{4} = (9 \div \boxed{}) \times \boxed{} = \boxed{}$

⑥ $10 \div \dfrac{2}{3} = (10 \div \boxed{}) \times \boxed{} = \boxed{}$

🍗 분수의 나눗셈을 분수의 곱셈으로 나타내어 계산하세요.

분모와 분자를 바꾸어 곱해요.

⑦ $5 \div \dfrac{2}{3} = 5 \times \dfrac{3}{\boxed{}} = \dfrac{15}{\boxed{}}$
$= \boxed{}$

⑧ $6 \div \dfrac{5}{3} = 6 \times \dfrac{3}{\boxed{}} = \dfrac{18}{\boxed{}} = \boxed{}$

⑨ $7 \div \dfrac{3}{2} = 7 \times \dfrac{\boxed{}}{3} = \dfrac{\boxed{}}{\boxed{}} = \boxed{}$

⑩ $8 \div \dfrac{5}{2} = 8 \times \dfrac{\boxed{}}{5} = \dfrac{\boxed{}}{\boxed{}} = \boxed{}$

⑪ $8 \div \dfrac{7}{3} = 8 \times \dfrac{3}{\boxed{}} = \dfrac{24}{\boxed{}} = \boxed{}$

⑫ $9 \div \dfrac{7}{2} = 9 \times \dfrac{2}{\boxed{}} = \dfrac{\boxed{}}{\boxed{}} = \boxed{}$

🦴 자연수를 분자로 나누고 분모를 곱하여 계산하세요.

❶ $6 \div \dfrac{2}{3} = (6 \div \boxed{}) \times \boxed{} = \boxed{}$

❷ $6 \div \dfrac{3}{4} = (6 \div \boxed{}) \times \boxed{} = \boxed{}$

❸ $8 \div \dfrac{4}{5} = (\boxed{} \div \boxed{}) \times \boxed{}$
$= \boxed{}$

❹ $9 \div \dfrac{3}{7} = (\boxed{} \div \boxed{}) \times \boxed{}$
$= \boxed{}$

❺ $10 \div \dfrac{5}{6} =$

❻ $12 \div \dfrac{4}{5} =$

❼ $12 \div \dfrac{3}{7} =$

❽ $14 \div \dfrac{2}{5} =$

❾ $14 \div \dfrac{7}{2} =$

❿ $15 \div \dfrac{5}{9} =$

⓫ $16 \div \dfrac{4}{11} =$

⓬ $16 \div \dfrac{8}{13} =$

계산 과정에서 약분이 되면
약분 먼저 해요.

🦴 분수의 나눗셈을 분수의 곱셈으로 나타내어 계산하세요.

① $5 \div \dfrac{3}{4} = 5 \times \dfrac{\boxed{}}{\boxed{}} = \dfrac{\boxed{}}{\boxed{}} = \boxed{}$

② $6 \div \dfrac{4}{5} = 6 \times \dfrac{\boxed{}}{\boxed{}} = \dfrac{\boxed{}}{2} = \boxed{}$

③ $7 \div \dfrac{5}{3} =$

④ $8 \div \dfrac{6}{5} =$

⑤ $8 \div \dfrac{6}{7} =$

⑥ $7 \div \dfrac{4}{5} =$

⑦ $4 \div 3\dfrac{1}{3} = 4 \div \dfrac{\boxed{}}{\boxed{}} = 4 \times \dfrac{\boxed{}}{\boxed{}} = \dfrac{\boxed{}}{\boxed{}} = \boxed{}$

⑧ $6 \div 2\dfrac{1}{3} = 6 \div \dfrac{\boxed{}}{\boxed{}} = 6 \times \dfrac{\boxed{}}{\boxed{}} = \dfrac{\boxed{}}{\boxed{}} = \boxed{}$

⑨ $5 \div 3\dfrac{1}{2} =$

⑩ $7 \div 2\dfrac{2}{5} =$

⑪ $8 \div 2\dfrac{2}{3} =$

⑫ $9 \div 3\dfrac{3}{4} =$

개념 다지기

🦴 분수의 나눗셈을 하세요.

곱셈으로 바꾸어 계산하는
방법이 더 편해요.

① $11 \div \dfrac{3}{5} =$

② $12 \div \dfrac{6}{7} =$

③ $14 \div \dfrac{7}{8} =$

④ $10 \div 2\dfrac{1}{2} =$

⑤ $11 \div 1\dfrac{1}{3} =$

⑥ $12 \div 1\dfrac{1}{3} =$

⑦ $13 \div 1\dfrac{5}{8} =$

⑧ $14 \div 3\dfrac{1}{2} =$

⑨ $14 \div 1\dfrac{1}{6} =$

⑩ $15 \div 1\dfrac{1}{5} =$

⑪ $15 \div 4\dfrac{1}{3} =$

⑫ $18 \div 5\dfrac{1}{4} =$

설명해 보세요

$6 \div \dfrac{3}{5}$ 을 여러 가지 방법으로 계산하고 그 과정을 설명해 보세요.

개념 키우기

🦴 계산 결과가 <u>다른</u> 하나를 찾아 기호를 쓰세요.

1

ㄱ $10 \div \dfrac{2}{3}$　　ㄴ $24 \div 1\dfrac{3}{5}$　　ㄷ $12 \div \dfrac{3}{5}$　　ㄹ $35 \div 2\dfrac{1}{3}$

(　　　　　　　)

2

ㄱ $16 \div 1\dfrac{1}{3}$　　ㄴ $20 \div 1\dfrac{2}{3}$　　ㄷ $21 \div 1\dfrac{3}{4}$　　ㄹ $25 \div 2\dfrac{1}{2}$

(　　　　　　　)

도전해 보세요

1 어떤 수를 $5\dfrac{1}{3}$ 로 나누어야 할 것을 잘못

하여 곱하였더니 **32**가 되었습니다. 바르게 계산하면 얼마일까요?

(　　　　　　　)

2 □ 안에 들어갈 수 있는 자연수는 모두 몇 개일까요?

$$21 \div \dfrac{3}{5} < 15 \div \dfrac{3}{\square} < 24 \div \dfrac{3}{7}$$

(　　　　　　　)

15 분모가 같은 (진분수)÷(진분수)

기억해 볼까요?

분수의 나눗셈을 하세요.

① $3 \div 1\frac{1}{2} =$

② $7 \div 2\frac{4}{5} =$

30초 개념

분모가 같은 (진분수)÷(진분수)는 **2**가지 방법으로 계산할 수 있어요.

◎ $\frac{5}{7} \div \frac{2}{7}$ 의 계산

방법1 분자끼리 나누어 계산해요.

$$\frac{5}{7} \div \frac{2}{7} = 5 \div 2 = \frac{5}{2} = 2\frac{1}{2}$$

방법2 분수의 곱셈으로 나타내어 계산해요.

$$\frac{5}{7} \div \frac{2}{7} = \frac{5}{7} \times \frac{7}{2} = \frac{5}{2} = 2\frac{1}{2}$$

분모와 분자를 바꾸어 곱해요.

> (진분수)÷(단위분수)의
> 계산도 위와 같은 방법으로
> 계산해요.

$$\cdot \frac{3}{4} \div \frac{1}{4} = 3 \div 1 = 3 \qquad \cdot \frac{3}{4} \div \frac{1}{4} = \frac{3}{4} \times \frac{4}{1} = 3$$

🍗 그림을 보고 ☐ 안에 알맞은 수를 써넣으세요.

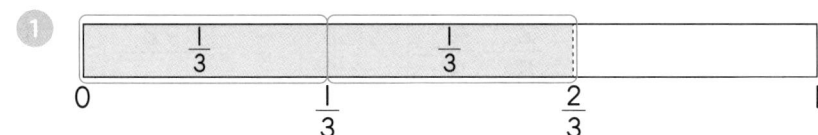

$\dfrac{2}{3}$에는 $\dfrac{1}{3}$이 ☐ 번 들어갑니다. ➡ $\dfrac{2}{3} \div \dfrac{1}{3} =$ ☐

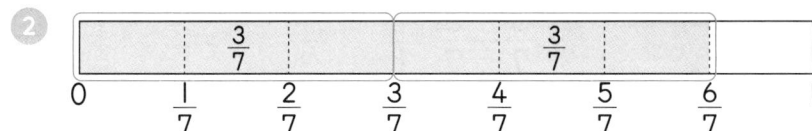

$\dfrac{6}{7}$에는 $\dfrac{3}{7}$이 ☐ 번 들어갑니다. ➡ $\dfrac{6}{7} \div \dfrac{3}{7} =$ ☐

🍗 나눗셈을 그림으로 나타내고 몫을 구하세요.

③ $\dfrac{4}{5} \div \dfrac{1}{5} =$ ☐

④ $\dfrac{8}{9} \div \dfrac{2}{9} =$ ☐

🍗 분수의 나눗셈을 분수의 곱셈으로 나타내어 계산하세요.

⑤ $\dfrac{4}{7} \div \dfrac{5}{7} = \dfrac{4}{7} \times \dfrac{☐}{☐} =$ ☐

⑥ $\dfrac{5}{8} \div \dfrac{3}{8} = \dfrac{5}{8} \times \dfrac{☐}{☐} = \dfrac{☐}{☐} =$ ☐

⑦ $\dfrac{2}{9} \div \dfrac{7}{9} = \dfrac{2}{9} \times \dfrac{☐}{☐} =$ ☐

⑧ $\dfrac{8}{9} \div \dfrac{5}{9} = \dfrac{8}{9} \times \dfrac{☐}{☐} = \dfrac{☐}{☐} =$ ☐

🦴 분자끼리 나누어 계산하세요.

1 $\dfrac{1}{4} \div \dfrac{3}{4} = \boxed{} \div \boxed{} = \boxed{}$

2 $\dfrac{2}{5} \div \dfrac{4}{5} = \boxed{} \div \boxed{} = \dfrac{2}{\boxed{}} = \dfrac{1}{\boxed{}}$

3 $\dfrac{2}{6} \div \dfrac{5}{6} = \boxed{} \div \boxed{} = \boxed{}$

4 $\dfrac{3}{7} \div \dfrac{5}{7} = \boxed{} \div \boxed{} = \boxed{}$

5 $\dfrac{5}{9} \div \dfrac{8}{9} =$

6 $\dfrac{2}{8} \div \dfrac{6}{8} =$

> 대분수는 가분수로 나타내요.

7 $\dfrac{4}{9} \div \dfrac{3}{9} =$

8 $\dfrac{5}{10} \div \dfrac{8}{10} =$

9 $\dfrac{7}{10} \div \dfrac{9}{10} =$

10 $\dfrac{10}{11} \div \dfrac{6}{11} =$

11 $\dfrac{11}{12} \div \dfrac{3}{12} =$

12 $\dfrac{12}{13} \div \dfrac{5}{13} =$

🦴 분수의 나눗셈을 분수의 곱셈으로 나타내어 계산하세요.

1 $\dfrac{2}{6} \div \dfrac{3}{6} = \dfrac{2}{6} \times \dfrac{\boxed{}}{\boxed{}} = \boxed{}$

2 $\dfrac{3}{7} \div \dfrac{5}{7} = \dfrac{3}{7} \times \dfrac{\boxed{}}{\boxed{}} = \boxed{}$

3 $\dfrac{5}{8} \div \dfrac{7}{8} = \dfrac{5}{8} \times \dfrac{\boxed{}}{\boxed{}} = \boxed{}$

4 $\dfrac{2}{9} \div \dfrac{7}{9} = \dfrac{2}{9} \times \dfrac{\boxed{}}{\boxed{}} = \boxed{}$

5 $\dfrac{3}{10} \div \dfrac{8}{10} =$

6 $\dfrac{1}{10} \div \dfrac{7}{10} =$

7 $\dfrac{2}{11} \div \dfrac{7}{11} =$

8 $\dfrac{5}{12} \div \dfrac{11}{12} =$

9 $\dfrac{3}{13} \div \dfrac{10}{13} =$

10 $\dfrac{4}{13} \div \dfrac{9}{13} =$

11 $\dfrac{11}{14} \div \dfrac{5}{14} =$

12 $\dfrac{13}{14} \div \dfrac{3}{14} =$

🍗 분수의 나눗셈을 하세요.

곱셈으로 바꾸어 계산하는
방법이 더 편해요.

① $\dfrac{3}{4} \div \dfrac{1}{4} = \boxed{} \div \boxed{} = \boxed{}$

② $\dfrac{1}{4} \div \dfrac{3}{4} =$

③ $\dfrac{4}{5} \div \dfrac{3}{5} =$

④ $\dfrac{3}{7} \div \dfrac{5}{7} =$

⑤ $\dfrac{7}{8} \div \dfrac{3}{8} =$

⑥ $\dfrac{3}{10} \div \dfrac{9}{10} =$

⑦ $\dfrac{4}{7} \div \dfrac{2}{7} = \dfrac{4}{7} \times \dfrac{\boxed{}}{\boxed{}} = \boxed{}$

⑧ $\dfrac{3}{5} \div \dfrac{4}{5} =$

⑨ $\dfrac{7}{9} \div \dfrac{4}{9} =$

⑩ $\dfrac{4}{11} \div \dfrac{8}{11} =$

⑪ $\dfrac{11}{12} \div \dfrac{5}{12} =$

⑫ $\dfrac{6}{13} \div \dfrac{9}{13} =$

설명해 보세요

$\dfrac{6}{7} \div \dfrac{4}{7}$ 를 여러 가지 방법으로 계산하고 그 과정을 설명해 보세요.

개념 키우기

🦴 계산 결과를 비교하여 ○ 안에 >, =, <를 알맞게 써넣으세요.

① $\dfrac{5}{7} \div \dfrac{2}{7}$ ○ $\dfrac{2}{7} \div \dfrac{5}{7}$

② $\dfrac{5}{9} \div \dfrac{2}{9}$ ○ $\dfrac{3}{4} \div \dfrac{1}{4}$

③ $\dfrac{2}{9} \div \dfrac{7}{9}$ ○ $\dfrac{1}{2} \div \dfrac{1}{2}$

④ $\dfrac{10}{13} \div \dfrac{7}{13}$ ○ $\dfrac{10}{11} \div \dfrac{7}{11}$

⑤ $\dfrac{2}{4} \div \dfrac{3}{4}$ ○ $\dfrac{5}{8} \div \dfrac{7}{8}$

⑥ $\dfrac{9}{14} \div \dfrac{5}{14}$ ○ $\dfrac{6}{7} \div \dfrac{2}{7}$

⑦ $\dfrac{4}{15} \div \dfrac{14}{15}$ ○ $\dfrac{2}{3} \div \dfrac{1}{3}$

⑧ $\dfrac{7}{20} \div \dfrac{17}{20}$ ○ $\dfrac{6}{11} \div \dfrac{5}{11}$

도전해 보세요

① 주스 $\dfrac{10}{13}$ L를 한 사람에게 $\dfrac{2}{13}$ L씩 나누어 주려고 합니다. 모두 몇 명에게 나누어 줄 수 있을까요?

(   )

② 다음 조건을 만족하는 분수의 나눗셈식을 구하세요.

> • 7÷3을 이용하여 계산할 수 있습니다.
> • 분모가 9보다 작은 진분수의 나눗셈입니다.
> • 두 분수의 분모는 같습니다.

식 _____

16 분모가 다른 (진분수)÷(진분수)

기억해 볼까요?

분수의 나눗셈을 하세요.

① $\dfrac{3}{4} \div \dfrac{1}{4} =$

② $\dfrac{4}{7} \div \dfrac{5}{7} =$

30초 개념

분모가 다른 (진분수)÷(진분수)는 2가지 방법으로 계산할 수 있어요.

🎯 $\dfrac{3}{4} \div \dfrac{2}{3}$ 의 계산

방법1 분모를 통분한 후 분자끼리 나누어요.

② 분자끼리 나누어요.

$$\dfrac{3}{4} \div \dfrac{2}{3} = \dfrac{9}{12} \div \dfrac{8}{12} = 9 \div 8 = \dfrac{9}{8} = 1\dfrac{1}{8}$$

① 분모를 같게 통분해요.

방법2 분수의 곱셈으로 나타내어 계산해요.

$$\dfrac{3}{4} \div \dfrac{2}{3} = \dfrac{3}{4} \times \dfrac{3}{2} = \dfrac{9}{8} = 1\dfrac{1}{8}$$

분모와 분자를 바꾸어 곱해요.

분수의 나눗셈을 할 때
'역수'를 알면 더 쉽게
계산할 수 있어요.

• 역수: 어떤 수와 곱해서 1이 되도록 하는 수

㉖ • 2의 역수는 $\dfrac{1}{2}$이고,

$\dfrac{1}{2}$의 역수는 2예요.

$$2 \times \dfrac{1}{2} = 1$$

역수

• $\dfrac{2}{3}$의 역수는 $\dfrac{3}{2}$이고,

$\dfrac{3}{2}$의 역수는 $\dfrac{2}{3}$예요.

$$\dfrac{2}{3} \times \dfrac{3}{2} = 1$$

역수

🍗 □ 안에 알맞은 수를 써넣으세요.

①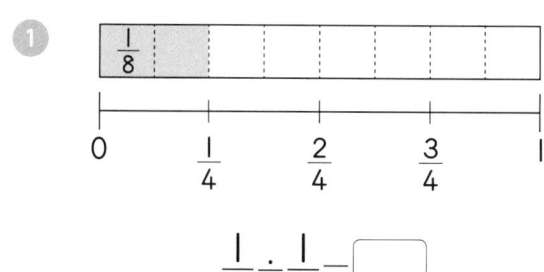

$$\frac{1}{4} \div \frac{1}{8} = \boxed{}$$

②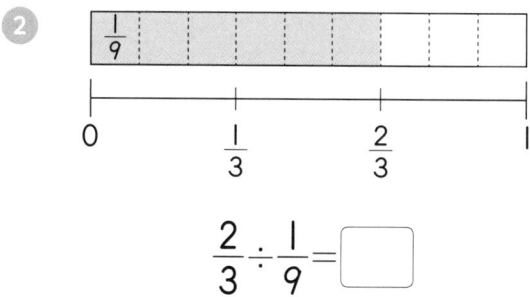

$$\frac{2}{3} \div \frac{1}{9} = \boxed{}$$

③ $\dfrac{1}{2} \div \dfrac{1}{3} = \dfrac{\boxed{}}{6} \div \dfrac{\boxed{}}{6} = \boxed{} \div \boxed{} = \dfrac{\boxed{}}{\boxed{}} = \boxed{}$

④ $\dfrac{3}{5} \div \dfrac{1}{10} = \dfrac{\boxed{}}{\boxed{}} \div \dfrac{\boxed{}}{\boxed{}} = \boxed{} \div \boxed{} = \boxed{}$

⑤ $\dfrac{5}{8} \div \dfrac{3}{4} = \dfrac{\boxed{}}{\boxed{}} \div \dfrac{\boxed{}}{\boxed{}} = \boxed{} \div \boxed{} = \boxed{}$

🍗 분수의 나눗셈을 분수의 곱셈으로 나타내어 계산하세요.

⑥ $\dfrac{1}{3} \div \dfrac{1}{2} = \dfrac{1}{\boxed{}} \times \dfrac{\boxed{}}{1} = \boxed{}$

⑦ $\dfrac{5}{8} \div \dfrac{5}{6} = \dfrac{\boxed{}}{\boxed{}} \times \dfrac{\boxed{}}{\boxed{}} = \boxed{}$

⑧ $\dfrac{2}{9} \div \dfrac{4}{5} = \dfrac{\boxed{}}{\boxed{}} \times \dfrac{\boxed{}}{\boxed{}} = \boxed{}$

⑨ $\dfrac{5}{12} \div \dfrac{7}{8} = \dfrac{\boxed{}}{\boxed{}} \times \dfrac{\boxed{}}{\boxed{}} = \boxed{}$

🍗 분모를 통분하여 계산하세요.

1 $\dfrac{2}{3} \div \dfrac{5}{6} = \dfrac{\Box}{\Box} \div \dfrac{\Box}{\Box} = \Box \div \Box = \Box$

2 $\dfrac{1}{3} \div \dfrac{1}{4} = \dfrac{\Box}{\Box} \div \dfrac{\Box}{\Box} = \Box \div \Box = \dfrac{\Box}{\Box} = \Box$

3 $\dfrac{4}{5} \div \dfrac{1}{2} = \dfrac{\Box}{\Box} \div \dfrac{\Box}{\Box} = \Box \div \Box = \dfrac{\Box}{\Box} = \Box$

4 $\dfrac{2}{5} \div \dfrac{2}{3} =$

5 $\dfrac{2}{7} \div \dfrac{1}{3} =$

6 $\dfrac{3}{4} \div \dfrac{5}{6} =$

7 $\dfrac{1}{2} \div \dfrac{5}{8} =$

8 $\dfrac{4}{9} \div \dfrac{2}{3} =$

9 $\dfrac{5}{12} \div \dfrac{3}{8} =$

10 $\dfrac{3}{4} \div \dfrac{2}{5} =$

11 $\dfrac{5}{6} \div \dfrac{3}{8} =$

🦴 분수의 나눗셈을 분수의 곱셈으로 나타내어 계산하세요.

① $\dfrac{4}{7} \div \dfrac{2}{3} = \dfrac{4}{7} \times \dfrac{\boxed{}}{\boxed{}} = \boxed{}$

② $\dfrac{4}{11} \div \dfrac{2}{5} = \dfrac{4}{11} \times \dfrac{\boxed{}}{\boxed{}} = \boxed{}$

③ $\dfrac{5}{6} \div \dfrac{2}{3} = \dfrac{5}{6} \times \dfrac{\boxed{}}{\boxed{}} = \dfrac{\boxed{}}{\boxed{}}$
$= \boxed{}$

④ $\dfrac{2}{7} \div \dfrac{4}{15} = \dfrac{2}{7} \times \dfrac{\boxed{}}{\boxed{}} = \dfrac{\boxed{}}{\boxed{}}$
$= \boxed{}$

⑤ $\dfrac{5}{8} \div \dfrac{10}{11} =$

⑥ $\dfrac{5}{14} \div \dfrac{5}{12} =$

⑦ $\dfrac{3}{4} \div \dfrac{2}{5} =$

⑧ $\dfrac{7}{12} \div \dfrac{5}{9} =$

⑨ $\dfrac{9}{16} \div \dfrac{5}{12} =$

⑩ $\dfrac{9}{10} \div \dfrac{3}{14} =$

⑪ $\dfrac{8}{15} \div \dfrac{4}{9} =$

⑫ $\dfrac{5}{18} \div \dfrac{15}{24} =$

개념 다지기

🦴 분수의 나눗셈을 하세요.

> 곱셈으로 바꾸어 계산하는 방법이 더 편해요.

1 $\dfrac{2}{3} \div \dfrac{3}{5} =$

2 $\dfrac{1}{3} \div \dfrac{3}{4} =$

3 $\dfrac{3}{5} \div \dfrac{7}{9} =$

4 $\dfrac{4}{7} \div \dfrac{3}{5} =$

5 $\dfrac{2}{7} \div \dfrac{5}{8} =$

6 $\dfrac{5}{6} \div \dfrac{1}{3} =$

7 $\dfrac{5}{9} \div \dfrac{5}{6} =$

8 $\dfrac{7}{12} \div \dfrac{3}{8} =$

9 $\dfrac{10}{11} \div \dfrac{2}{3} =$

10 $\dfrac{2}{3} \div \dfrac{14}{21} =$

11 $\dfrac{9}{16} \div \dfrac{3}{14} =$

12 $\dfrac{15}{21} \div \dfrac{5}{16} =$

설명해 보세요

$\dfrac{3}{4} \div \dfrac{5}{8}$ 를 여러 가지 방법으로 계산하고 그 과정을 설명해 보세요.

개념 키우기

🦴 큰 수를 작은 수로 나눈 몫을 빈 곳에 써넣으세요.

①
| $\dfrac{2}{3}$ | $\dfrac{1}{2}$ |

②
| $\dfrac{3}{8}$ | $\dfrac{1}{6}$ |

③
| $\dfrac{7}{9}$ | $\dfrac{7}{12}$ |

④
| $\dfrac{9}{11}$ | $\dfrac{4}{5}$ |

도전해 보세요

① ☐ 안에 들어갈 수 있는 자연수를 모두 구하세요.

$$\dfrac{2}{3} \div \dfrac{3}{4} < \boxed{} < \dfrac{3}{4} \div \dfrac{2}{3}$$

(   )

② 세로의 길이가 $\dfrac{2}{5}$ m인 직사각형의 넓이가 $\dfrac{3}{10}$ m²일 때 가로의 길이는 몇 m일까요?

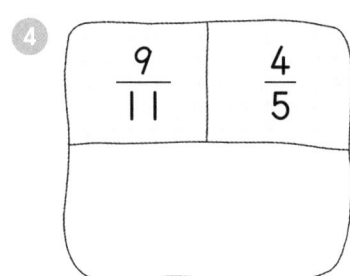

$\dfrac{2}{5}$ m   넓이 $\dfrac{3}{10}$ m²

(   )

기억해 볼까요?

분수의 나눗셈을 하세요.

① $\dfrac{5}{6} \div \dfrac{3}{4} =$

② $\dfrac{2}{3} \div \dfrac{4}{5} =$

30초 개념

대분수가 있는 분수의 나눗셈은 **2**가지 방법으로 계산할 수 있어요.

◎ $1\dfrac{1}{3} \div 1\dfrac{2}{5}$ 의 계산

방법1 먼저 대분수를 가분수로 바꾸고 분모를 통분한 후 분자끼리 나누어요.

$$1\dfrac{1}{3} \div 1\dfrac{2}{5} = \dfrac{4}{3} \div \dfrac{7}{5} = \dfrac{20}{15} \div \dfrac{21}{15} = 20 \div 21 = \dfrac{20}{21}$$

대분수 → 가분수   통분

방법2 먼저 대분수를 가분수로 바꾸고 분수의 곱셈으로 나타내어 계산해요.

분수의 곱셈으로 나타내요.

$$1\dfrac{1}{3} \div 1\dfrac{2}{5} = \dfrac{4}{3} \div \dfrac{7}{5} = \dfrac{4}{3} \times \dfrac{5}{7} = \dfrac{20}{21}$$

대분수 → 가분수

◎ (대분수)÷(진분수)

$$1\dfrac{1}{4} \div \dfrac{2}{3} = \dfrac{5}{4} \div \dfrac{2}{3} = \dfrac{5}{4} \times \dfrac{3}{2} = \dfrac{15}{8} = 1\dfrac{7}{8}$$

대분수 → 가분수   분수의 곱셈으로 나타내요.

분수의 나눗셈에서 대분수는 항상
가분수로 바꾸어 계산해야 해.

◎ (대분수)÷(자연수)

$$2\dfrac{1}{3} \div 4 = \dfrac{7}{3} \div 4 = \dfrac{7}{3} \times \dfrac{1}{4} = \dfrac{7}{12}$$

대분수 → 가분수   분수의 곱셈으로 나타내요.

□ 안에 알맞은 수를 써넣으세요.

① $1\dfrac{2}{3} \div \dfrac{3}{4} = \dfrac{\boxed{}}{3} \div \dfrac{\boxed{}}{4} = \dfrac{\boxed{}}{12} \div \dfrac{\boxed{}}{12} = \boxed{} \div \boxed{} = \dfrac{\boxed{}}{\boxed{}} = \boxed{}$

② $2\dfrac{1}{2} \div 4 = \dfrac{\boxed{}}{2} \div 4 = \dfrac{\boxed{}}{2} \div \dfrac{\boxed{}}{2} = \boxed{} \div \boxed{} = \boxed{}$

③ $1\dfrac{2}{3} \div 1\dfrac{3}{4} = \dfrac{\boxed{}}{3} \div \dfrac{\boxed{}}{4} = \dfrac{\boxed{}}{12} \div \dfrac{\boxed{}}{12} = \boxed{} \div \boxed{} = \boxed{}$

④ $\dfrac{1}{2} \div 1\dfrac{2}{5} = \dfrac{1}{2} \div \dfrac{\boxed{}}{5} = \dfrac{1}{2} \times \dfrac{\boxed{}}{\boxed{}} = \boxed{}$

⑤ $2 \div 1\dfrac{2}{3} = 2 \div \dfrac{\boxed{}}{3} = 2 \times \dfrac{\boxed{}}{\boxed{}} = \dfrac{\boxed{}}{\boxed{}} = \boxed{}$

⑥ $3\dfrac{1}{2} \div 1\dfrac{2}{3} = \dfrac{\boxed{}}{2} \div \dfrac{\boxed{}}{3} = \dfrac{\boxed{}}{2} \times \dfrac{\boxed{}}{\boxed{}} = \dfrac{\boxed{}}{\boxed{}} = \boxed{}$

⑦ $2\dfrac{3}{5} \div 1\dfrac{3}{4} = \dfrac{\boxed{}}{5} \div \dfrac{\boxed{}}{4} = \dfrac{\boxed{}}{5} \times \dfrac{\boxed{}}{\boxed{}} = \dfrac{\boxed{}}{\boxed{}} = \boxed{}$

🦴 분모를 통분한 후 분자끼리 나누어 계산하세요.

① $1\dfrac{2}{5} \div \dfrac{2}{3} = \dfrac{\boxed{}}{5} \div \dfrac{2}{3} = \dfrac{\boxed{}}{15} \div \dfrac{\boxed{}}{\boxed{}} = \boxed{} \div \boxed{} = \dfrac{\boxed{}}{\boxed{}} = \boxed{}$

② $\dfrac{3}{5} \div 2\dfrac{3}{4} = \dfrac{3}{5} \div \dfrac{\boxed{}}{4} = \dfrac{\boxed{}}{20} \div \dfrac{\boxed{}}{\boxed{}} = \boxed{} \div \boxed{} = \boxed{}$

③ $3\dfrac{1}{2} \div 4 = \dfrac{\boxed{}}{2} \div 4 = \dfrac{\boxed{}}{2} \div \dfrac{\boxed{}}{\boxed{}} = \boxed{} \div \boxed{} = \boxed{}$

④ $3\dfrac{1}{4} \div \dfrac{1}{4} =$

⑤ $1\dfrac{2}{5} \div 2 =$

⑥ $\dfrac{5}{8} \div 1\dfrac{1}{9} =$

⑦ $6 \div 1\dfrac{1}{8} =$

⑧ $2\dfrac{4}{9} \div \dfrac{2}{3} =$

⑨ $24 \div 2\dfrac{2}{5} =$

🦴 분수의 나눗셈을 분수의 곱셈으로 나타내어 계산하세요.

1 $1\dfrac{4}{7} \div 1\dfrac{2}{3} = \dfrac{\boxed{}}{7} \div \dfrac{\boxed{}}{3} = \dfrac{\boxed{}}{7} \times \dfrac{\boxed{}}{\boxed{}} = \boxed{}$

2 $2\dfrac{1}{3} \div 1\dfrac{3}{4} = \dfrac{\boxed{}}{3} \div \dfrac{\boxed{}}{4} = \dfrac{\boxed{}}{3} \times \dfrac{\boxed{}}{\boxed{}} = \dfrac{\boxed{}}{\boxed{}} = \boxed{}$

3 $1\dfrac{4}{9} \div 3\dfrac{1}{2} =$

4 $2\dfrac{2}{7} \div 2\dfrac{2}{5} =$

5 $4\dfrac{1}{2} \div 2\dfrac{3}{4} =$

6 $1\dfrac{1}{9} \div 2\dfrac{2}{9} =$

7 $5\dfrac{2}{3} \div 4\dfrac{5}{6} =$

8 $1\dfrac{2}{5} \div 5\dfrac{1}{4} =$

9 $1\dfrac{3}{4} \div 4\dfrac{3}{8} =$

10 $6\dfrac{1}{4} \div 3\dfrac{4}{7} =$

곱셈으로 바꾸어 계산하는 방법이 더 편해요.

🦴 분수의 나눗셈을 하세요.

① $1\frac{5}{9} \div \frac{7}{15} =$

② $\frac{5}{8} \div 3\frac{1}{3} =$

③ $6 \div 1\frac{4}{5} =$

④ $2\frac{5}{6} \div 3 =$

⑤ $4\frac{1}{3} \div 1\frac{3}{4} =$

⑥ $1\frac{1}{3} \div 2\frac{2}{9} =$

⑦ $2\frac{2}{3} \div 4 =$

⑧ $\frac{5}{3} \div 2\frac{1}{7} =$

⑨ $26 \div 2\frac{1}{6} =$

⑩ $4\frac{2}{5} \div 4\frac{2}{7} =$

설명해 보세요

$1\frac{1}{4} \div \frac{2}{5}$ 를 여러 가지 방법으로 계산하고 그 과정을 설명해 보세요.

개념 키우기

🦴 계산 결과가 큰 것부터 차례로 기호를 쓰세요.

①

$$\bigcirc\ 7 \div 1\frac{3}{4} \qquad \bigcirc\ \frac{3}{8} \div 1\frac{3}{4} \qquad \bigcirc\ 1\frac{3}{4} \div \frac{7}{5} \qquad \bigcirc\ 1\frac{3}{4} \div 2\frac{5}{8}$$

( )

②

$$\bigcirc\ \frac{5}{8} \div 1\frac{1}{9} \qquad \bigcirc\ 3\frac{4}{7} \div 10 \qquad \bigcirc\ 4\frac{3}{8} \div \frac{5}{6} \qquad \bigcirc\ 3\frac{1}{3} \div 2\frac{2}{9}$$

( )

도전해 보세요

① 수확한 귤 $6\frac{4}{5}$ kg을 한 상자에 $2\frac{2}{5}$ kg씩 담아서 팔려고 합니다. 팔 수 있는 귤은 몇 상자일까요?

( )

② 가 ◎ 나＝(가×나)÷(가−나)일 때 다음을 계산하세요.

$$3 ◎ \frac{2}{4}$$

( )

18 세 수의 곱셈과 나눗셈

기억해 볼까요?

분수의 나눗셈을 하세요.

1 $1\dfrac{3}{4} \div 2\dfrac{1}{3} =$

2 $\dfrac{12}{5} \div 2\dfrac{1}{4} =$

30초 개념

분수가 포함된 나눗셈은 분수의 곱셈으로 나타내어 계산해요.

🎯 세 분수의 나눗셈

분수의 나눗셈을 분수의 곱셈으로 나타내어 계산해요.

> 모두 약분하여
> 한 번에 계산하면 편해요.

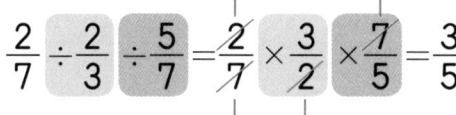

$$\dfrac{2}{7} \div \dfrac{2}{3} \div \dfrac{5}{7} = \dfrac{2}{7} \times \dfrac{3}{2} \times \dfrac{7}{5} = \dfrac{3}{5}$$

🎯 세 수의 곱셈과 나눗셈

방법1 앞에서부터 차례로 계산해요.

$$\dfrac{3}{5} \div 7 \times 2 = \dfrac{3}{5} \times \dfrac{1}{7} \times 2 = \dfrac{3}{35} \times 2 = \dfrac{6}{35}$$

방법2 나눗셈을 곱셈으로 나타낸 후 한 번에 계산해요.

$$\dfrac{3}{5} \div 7 \times 2 = \dfrac{3}{5} \times \dfrac{1}{7} \times 2 = \dfrac{6}{35}$$

> 혼합 계산은 계산 순서가
> 아주 중요해요.

• 곱셈과 나눗셈이 섞여 있는 식은 앞에서부터 차례로 계산해요.

$$\dfrac{2}{3} \div 2 \times 4 = 1\dfrac{1}{3} \ (\ \bigcirc\ ) \qquad \dfrac{2}{3} \div 2 \times 4 = \dfrac{1}{12} \ (\ \times\ )$$

🦴 ☐ 안에 알맞은 수를 써넣으세요.

분수의 곱셈으로 나타내어
한 번에 계산해요.

① $\dfrac{2}{3} \div 3 \div 2 = \dfrac{2}{3} \times \dfrac{\square}{3} \times \dfrac{\square}{2} = \square$

② $\dfrac{3}{4} \div \dfrac{3}{5} \div 5 = \dfrac{3}{4} \times \dfrac{\square}{\square} \times \dfrac{\square}{5} = \square$

③ $\dfrac{5}{6} \div \dfrac{2}{3} \div \dfrac{3}{4} = \dfrac{5}{6} \times \dfrac{\square}{2} \times \dfrac{\square}{3} = \dfrac{\square}{\square} = \square$

④ $2\dfrac{2}{9} \div \dfrac{5}{6} \div \dfrac{2}{7} = \dfrac{\square}{9} \times \dfrac{\square}{5} \times \dfrac{\square}{2} = \dfrac{\square}{\square} = \square$

⑤ $\dfrac{4}{5} \times 2 \div 2 = \dfrac{4}{5} \times \square \times \dfrac{\square}{\square} = \square$

⑥ $1\dfrac{5}{7} \times 14 \div 6 = \dfrac{\square}{7} \times \square \times \dfrac{\square}{\square} = \square$

⑦ $\dfrac{7}{8} \div 7 \times 4 = \dfrac{7}{8} \times \dfrac{\square}{\square} \times \square = \square$

⑧ $2\dfrac{2}{5} \div 8 \times 15 = \dfrac{\square}{5} \times \dfrac{\square}{\square} \times \square = \dfrac{\square}{\square} = \square$

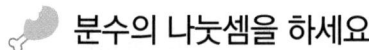

🦴 분수의 나눗셈을 하세요.

$\div$ (자연수)는 $\times \dfrac{1}{(자연수)}$ 로!

① $\dfrac{5}{6} \div 10 \div 4 = \dfrac{5}{6} \times \dfrac{\boxed{}}{10} \times \dfrac{\boxed{}}{4} = \boxed{}$

② $\dfrac{5}{8} \div 6 \div 15 =$

③ $\dfrac{3}{4} \div \dfrac{5}{6} \div 9 =$

④ $\dfrac{2}{3} \div 4 \div \dfrac{2}{9} =$

⑤ $\dfrac{2}{7} \div \dfrac{4}{9} \div \dfrac{6}{7} =$

⑥ $1\dfrac{2}{3} \div \dfrac{10}{11} \div \dfrac{8}{9} =$

⑦ $3\dfrac{1}{2} \div \dfrac{14}{15} \div 5 =$

⑧ $2\dfrac{2}{5} \div 1\dfrac{1}{3} \div \dfrac{3}{7} =$

🦴 계산을 하세요.

① $\dfrac{4}{5} \times 2 \div 8 = \dfrac{4}{5} \times \boxed{} \times \dfrac{\boxed{}}{\boxed{}} = \boxed{}$

② $1\dfrac{5}{7} \times 3 \div 24 =$

③ $\dfrac{5}{6} \times 2 \div \dfrac{7}{12} =$

④ $1\dfrac{2}{3} \times 8 \div \dfrac{2}{5} =$

⑤ $\dfrac{6}{7} \div 8 \times 4 =$

⑥ $2\dfrac{5}{8} \div 7 \times 12 =$

⑦ $\dfrac{9}{10} \div 6 \times \dfrac{2}{9} =$

⑧ $3\dfrac{3}{5} \div 12 \times \dfrac{5}{6} =$

🍗 계산을 하세요.

① $\dfrac{3}{7} \times \dfrac{5}{6} \div \dfrac{3}{10} = \dfrac{3}{7} \times \dfrac{\boxed{}}{6} \times \dfrac{\boxed{}}{\boxed{}} = \dfrac{\boxed{}}{\boxed{}} = \boxed{}$

② $2\dfrac{1}{2} \times \dfrac{7}{10} \div \dfrac{5}{14} =$

③ $\dfrac{4}{5} \times 3\dfrac{1}{2} \div \dfrac{7}{9} =$

④ $\dfrac{1}{2} \div \dfrac{1}{6} \times \dfrac{4}{9} =$

⑤ $\dfrac{5}{12} \div 2\dfrac{1}{4} \times \dfrac{9}{10} =$

⑥ $\dfrac{15}{16} \div 2\dfrac{5}{8} \times 3\dfrac{1}{2} =$

설명해 보세요

$\dfrac{2}{3} \div 4 \times 2\dfrac{1}{2}$ 을 여러 가지 방법으로 계산하고 그 과정을 설명해 보세요.

개념 키우기

🦴 관계있는 것끼리 선으로 이어 보세요.

$\dfrac{2}{5} \div 3 \times 1\dfrac{1}{2}$　·

·　$3\dfrac{1}{2} \div 11 \times \dfrac{1}{2}$

$1\dfrac{2}{7} \div \dfrac{3}{5} \times \dfrac{1}{6}$　·

·　$\dfrac{5}{6} \times 1\dfrac{2}{10} \div 5$

$\dfrac{2}{11} \times 1\dfrac{3}{4} \div 2$　·

·　$2\dfrac{1}{4} \div 7 \times 1\dfrac{1}{9}$

도전해 보세요

1 한 대각선의 길이가 $4\dfrac{4}{5}$ cm, 다른 대각선의 길이가 6 cm인 마름모의 넓이는 몇 cm²일까요?

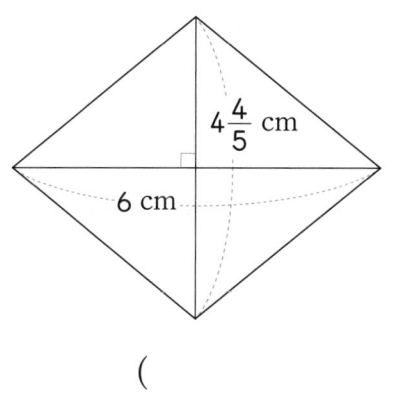

4$\dfrac{4}{5}$ cm

6 cm

(　　　　　　　)

2 수호는 자전거로 $10\dfrac{4}{5}$ km 거리의 도서관을 가는 데 30분이 걸렸습니다. 같은 빠르기로 $32\dfrac{2}{5}$ km를 간다면 몇 시간 몇 분이 걸릴까요?

(　　　　　　　)

1~6학년 연산 개념연결 지도

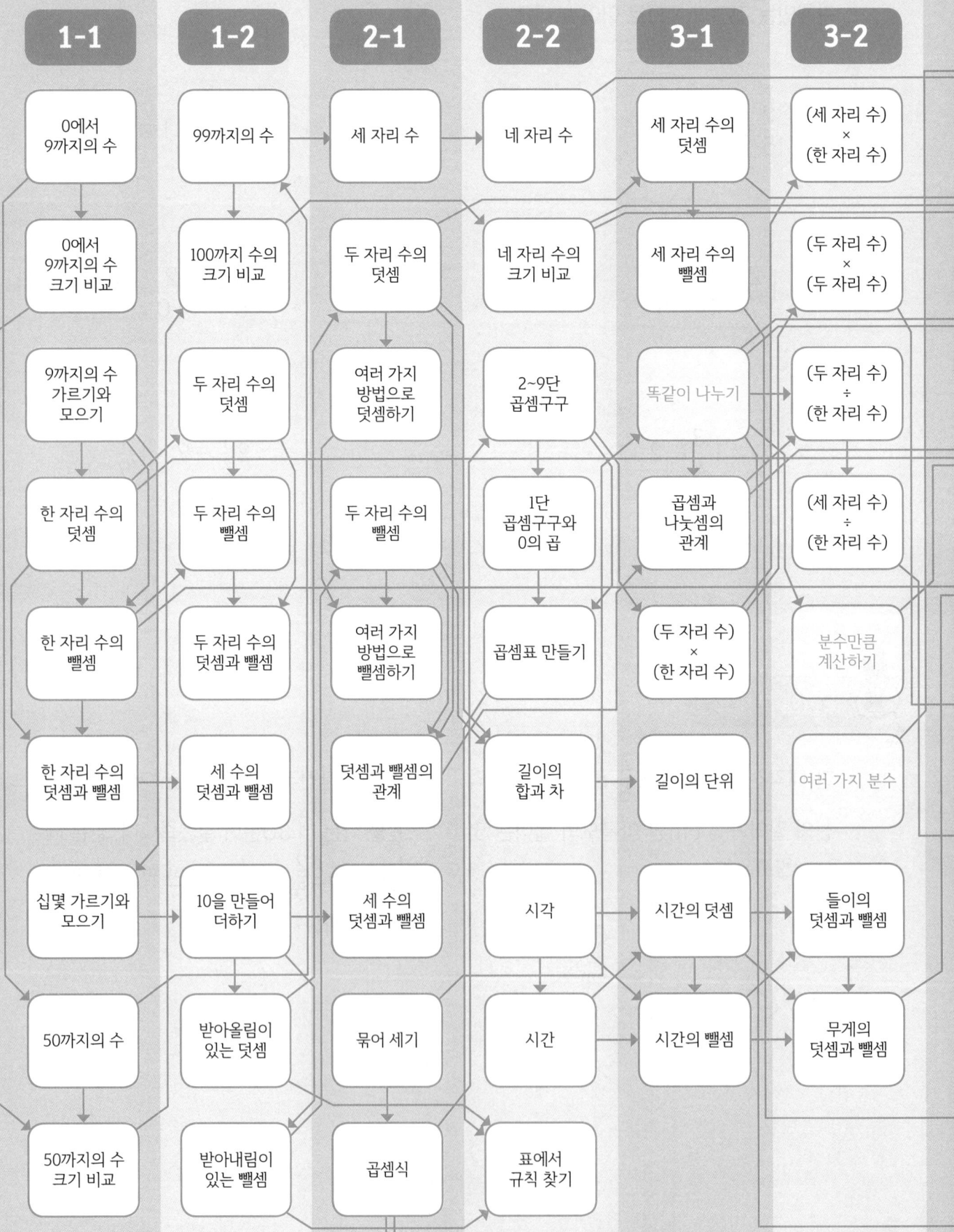

분수의 발견

곱셈과
나눗셈

정답과 풀이

기억해 볼까요? ⟶ 12쪽

3, 5; 5, 3 또는 5, 3; 3, 5

개념 익히기 ⟶ 13쪽

① 1, 3, 9, 27; 1, 3, 9, 27
② 1, 5, 7, 35; 1, 5, 7, 35
③ 1, 2, 4, 7, 14, 28; 1, 2, 4, 7, 14, 28
④ 1, 2, 5, 10, 25, 50; 1, 2, 5, 10, 25, 50
⑤ 6, 12, 18, 24
⑥ 11, 22, 33, 44
⑦ 15, 30, 45, 60
⑧ 18, 36, 54, 72
⑨ 23, 46, 69, 92
⑩ 30, 60, 90, 120

개념 다지기 ⟶ 14쪽

① 12=1×12, 12=2×6, 12=3×4;
   1, 2, 3, 4, 6, 12
② 8=1×8, 8=2×4; 1, 2, 4, 8
③ 10=1×10, 10=2×5; 1, 2, 5, 10
④ 15=1×15, 15=3×5; 1, 3, 5, 15
⑤ 18=1×18, 18=2×9, 18=3×6;
   1, 2, 3, 6, 9, 18
⑥ 28=1×28, 28=2×14, 28=4×7;
   1, 2, 4, 7, 14, 28
⑦ 32=1×32, 32=2×16, 32=4×8;
   1, 2, 4, 8, 16, 32

개념 다지기 ⟶ 15쪽

① 1, 2, 4; 4, 8, 12, 16
② 1, 3, 9; 9, 18, 27, 36
③ 1, 2, 7, 14; 14, 28, 42, 56

④ 1, 2, 4, 8, 16; 16, 32, 48, 64
⑤ 1, 2, 4, 5, 10, 20; 20, 40, 60, 80
⑥ 1, 5, 25; 25, 50, 75, 100
⑦ 1, 2, 3, 4, 6, 9, 12, 18, 36; 36, 72,
   108, 144

개념 다지기 ⟶ 16쪽

① ○   ② ×
③ ○   ④ ○
⑤ ×   ⑥ ×
⑦ ○   ⑧ ○
⑨ ×   ⑩ ○
⑪ ×   ⑫ ○

설명해 보세요

20을 작은 수부터 차례로 두 수의 곱으로 나타내면 20=1×20, 20=2×10, 20=4×5와 같이 3가지뿐입니다. 왜냐하면 2 다음 수인 3과 어떤 수의 곱으로 20을 만들 수 없고, 4 다음 수는 5인데 5×4는 4×5와 같습니다. 5보다 큰 수 중에 곱해서 20이 되는 수가 있다면 곱해지는 수는 5보다 작은 수일 것이기 때문에 그 수는 앞에서 나온 1, 2…… 이외에는 없습니다. 그래서 3가지 곱에 나타난 수가 20의 약수 전부입니다.

개념 키우기 ⟶ 17쪽

①
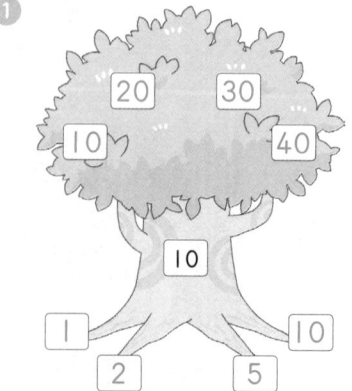

❷
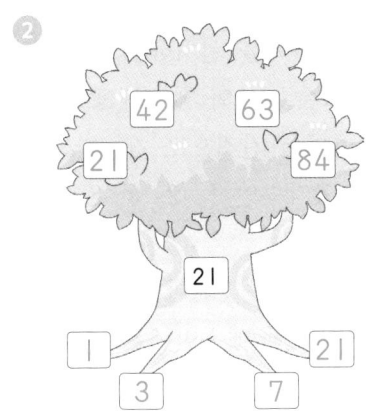

도전해 보세요 ·· 17쪽

1, 24; 2, 12; 3, 8; 4, 6; 1, 2, 3, 4, 6, 8,
12, 24; 1, 2, 3, 4, 6, 8, 12, 24

직사각형의 가로와 세로에 놓인 정사각형의
개수를 이용하여 24를 두 수의 곱으로 나타
냅니다.

02 공약수와 공배수

기억해 볼까요? ·· 18쪽

1 배수; 약수
2 1, 7, 49
3 1, 2, 5, 10

개념 익히기 ·· 19쪽

1 1, 2, 3, 6; 1, 2, 4, 8; 1, 2; 2
2 1, 3, 5, 15; 1, 5, 25; 1, 5; 5
3 1, 2, 3, 4, 6, 8, 12, 24; 1, 2, 3, 4, 6, 9,
12, 18, 36; 1, 2, 3, 4, 6, 12; 12
4 4, 8, 12, 16, 20, 24 ……; 6, 12, 18, 24
……; 12, 24; 12
5 5, 10, 15, 20, 25, 30, 35, 40 ……; 20,

40, 60, 80 ……; 20, 40; 20
6 12, 24, 36, 48, 60, 72, 84, 96 ……;
16, 32, 48, 64, 80, 96 ……; 48, 96; 48

개념 다지기 ·· 20쪽

1 1, 2, 3, 4, 6, 12; 1, 2, 3, 6, 9, 18; 1, 2,
3, 6; 6
2 1, 2, 7, 14; 1, 3, 7, 21; 1, 7; 7
3 1, 5, 25; 1, 2, 4, 5, 8, 10, 20, 40; 1, 5;
5
4 1, 3, 9, 27, 81; 1, 3, 7, 9, 21, 63; 1, 3,
9; 9
5 4, 8, 12, 16 ……; 8, 16 ……; 8, 16; 8
6 16, 32, 48, 64, 80, 96 ……; 24, 48, 72,
96 ……; 48, 96; 48
7 22, 44, 66, 88, 110, 132 ……; 33, 66,
99, 132 ……; 66, 132; 66
8 13, 26, 39, 52, 65, 78 ……; 39, 78 ……
; 39, 78; 39

개념 다지기 ·· 21쪽

1 1, 5; 5
2 1, 7; 7
3 1, 2, 3, 4, 6, 12; 12
4 1, 2, 4; 4
5 1, 2, 3, 6; 6
6 1; 1
7 1, 5, 25; 25
8 1, 7; 7
9 1, 11; 11
10 1, 2, 23, 46; 46

개념 다지기 ·· 22쪽

1 10, 20, 30; 10
2 20, 40, 60; 20

③ 24, 48, 72; 24

④ 18, 36, 54; 18

⑤ 60, 120, 180; 60

⑥ 480, 960, 1440; 480

⑦ 48, 96, 144; 48

⑧ 90, 180, 270; 90

⑨ 130, 260, 390; 130

⑩ 84, 168, 252; 84

설명해 보세요

2의 약수는 1, 2이고 3의 약수는 1, 3이므로 2와 3의 공약수는 1뿐이고, 최대공약수는 1입니다.

2의 배수는 2, 4, 6, 8, 10, 12, 14 ……이고 3의 배수는 3, 6, 9, 12, 15 ……이므로 2와 3의 공배수는 6, 12 ……이고 최소공배수는 6입니다.

개념 키우기 ···················· 23쪽

① 공배수: 24, 48, 72

공약수: 1, 2, 4

② 공배수: 15, 30, 45

공약수: 1, 5

③ 공배수: 48, 96, 144

공약수: 1, 2, 4, 8

④ 공배수: 450, 900, 1350

공약수: 1

도전해 보세요 ···················· 23쪽

① ㉠, ㉣, ㉥   ② 10번

① 일정한 간격으로 말뚝을 설치하여 울타리를 세우려면 간격은 가로와 세로의 공약수여야 합니다. 따라서 간격으로 가능한 것은 24와 16의 공약수인 1, 2, 4, 8이므로 ㉠, ㉣, ㉥입니다.

② 3분마다 우는 고양이와 2분마다 짖는 강아지는 3과 2의 최소공배수인 6분마다 동시에 소리를 냅니다. 7시 정각에 동시에 소리를 낸 후 함께 소리를 낸 시각은 7시 6분, 7시 12분, 7시 18분, 7시 24분, 7시 30분, 7시 36분, 7시 42분, 7시 48분, 7시 54분, 8시로 총 10번입니다.

03 최대공약수와 최소공배수 구하기

기억해 볼까요? ···················· 24쪽

① 1, 2, 4   ② 4

③ 48, 96   ④ 48

개념 익히기 ···················· 25쪽

① 3; 3; 3, 7, 63

② 3, 7; 3; 63

③ 5, 7; 4; 140

④ 2, 3; 2, 2, 4; 2, 2, 2, 3, 24

개념 다지기 ···················· 26쪽

① 3×3; 3×5; 3, 45

② 2×5; 2×8; 2, 80

③ 2×8; 3×8; 8; 48

④ 1×18; 3×18; 18; 54

⑤ 2×2×5; 2×3×5; 10; 60

⑥ 2×2×2×3; 2×2×3×3; 12; 72

7 $2\times3\times3\times3$; $3\times3\times3$; 27; 54

8 1×23; 3×23; 23; 69

개념 다지기 ·········· 27쪽

1 5; 75

2 7; 42   3 6; 72

4 16; 48   5 7; 280

6 20; 120   7 6; 378

8 19; 190   9 11; 605

개념 다지기 ·········· 28쪽

1 9; 27   2 2; 234

3 5; 140   4 14; 42

5 8; 160   6 8; 224

7 17; 204   8 40; 240

설명해 보세요

방법1 두 수의 곱셈식에 공통으로 들어 있는 가장 큰 수와 남은 수를 이용하는 방법

$18=⑥\times3$, $24=⑥\times4$에서

최대공약수: ⑥

최소공배수: $⑥\times3\times4=72$

방법2 나눗셈을 이용하는 방법

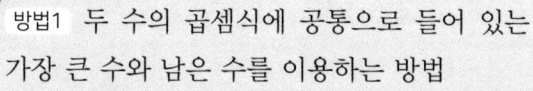

$$6\,\underline{)\,18\quad24}$$
$$3\quad\ 4$$

최대공약수: 6

최소공배수: $6\times3\times4=72$

개념 키우기 ·········· 29쪽

1 최대공약수: 4

최소공배수: 48

2 최대공약수: 2

최소공배수: 120

3 최대공약수: 6

최소공배수: 18

4 최대공약수: 1

최소공배수: 165

도전해 보세요 ·········· 29쪽

1 24   2 16, 24

1 어떤 수와 36의 최대공약수가 12이므로 어떤 수는 $12\times\square$입니다. 또 $36=12\times3$이고 $72=12\times2\times3$이므로 $\square$에 들어갈 수는 2입니다. 따라서 어떤 수는 24입니다.

2 두 수의 최소공배수 48을 최대공약수인 8과 여러 수의 곱으로 나타내면 $48=8\times2\times3$이므로 두 수로 가능한 경우는 (8, 48) 또는 (16, 24)입니다. 두 수는 모두 두 자리 수이므로 조건을 모두 만족하는 두 수는 16과 24입니다.

04 크기가 같은 분수

기억해 볼까요? ·········· 30쪽

1 3; 36   2 5; 60

개념 익히기 ·········· 31쪽

1 2, 3, 12, $\dfrac{5}{15}$

2 4, 9, $\dfrac{8}{12}$, $\dfrac{10}{15}$

3 $\dfrac{6}{10}=\dfrac{9}{15}=\dfrac{12}{20}=\dfrac{15}{25}$

4 $\dfrac{2}{4}=\dfrac{3}{6}=\dfrac{4}{8}=\dfrac{5}{10}$

5 $\dfrac{6}{20}=\dfrac{9}{30}=\dfrac{12}{40}=\dfrac{15}{50}$

6 $\dfrac{10}{18}=\dfrac{15}{27}=\dfrac{20}{36}=\dfrac{25}{45}$

7 2

8 6, 4, 6, 4, $\dfrac{1}{2}$

9 $\dfrac{6}{9}=\dfrac{4}{6}=\dfrac{2}{3}$

10 $\dfrac{4}{8}=\dfrac{2}{4}=\dfrac{1}{2}$

11 $\dfrac{8}{20}=\dfrac{4}{10}=\dfrac{2}{5}$

12 $\dfrac{9}{36}=\dfrac{6}{24}=\dfrac{3}{12}=\dfrac{2}{8}=\dfrac{1}{4}$

개념 다지기 32쪽

1 $\dfrac{6}{8}$, $\dfrac{9}{12}$, $\dfrac{12}{16}$, $\dfrac{15}{20}$ 2 $\dfrac{2}{12}$, $\dfrac{3}{18}$, $\dfrac{4}{24}$, $\dfrac{5}{30}$

3 $\dfrac{10}{14}$, $\dfrac{15}{21}$, $\dfrac{20}{28}$, $\dfrac{25}{35}$ 4 $\dfrac{12}{22}$, $\dfrac{18}{33}$, $\dfrac{24}{44}$, $\dfrac{30}{55}$

5 $\dfrac{2}{8}$, $\dfrac{3}{12}$, $\dfrac{4}{16}$, $\dfrac{5}{20}$ 6 $\dfrac{6}{16}$, $\dfrac{9}{24}$, $\dfrac{12}{32}$, $\dfrac{15}{40}$

7 $\dfrac{10}{12}$, $\dfrac{15}{18}$, $\dfrac{20}{24}$, $\dfrac{25}{30}$ 8 $\dfrac{22}{24}$, $\dfrac{33}{36}$, $\dfrac{44}{48}$, $\dfrac{55}{60}$

9 $\dfrac{8}{18}$, $\dfrac{12}{27}$, $\dfrac{16}{36}$, $\dfrac{20}{45}$ 10 $\dfrac{26}{40}$, $\dfrac{39}{60}$, $\dfrac{52}{80}$, $\dfrac{65}{100}$

11 $\dfrac{8}{30}$, $\dfrac{12}{45}$, $\dfrac{16}{60}$, $\dfrac{20}{75}$ 12 $\dfrac{10}{26}$, $\dfrac{15}{39}$, $\dfrac{20}{52}$, $\dfrac{25}{65}$

개념 다지기 33쪽

1 $\dfrac{2}{4}$, $\dfrac{1}{2}$ 2 $\dfrac{2}{3}$

3 $\dfrac{4}{6}$, $\dfrac{2}{3}$ 4 $\dfrac{6}{8}$, $\dfrac{3}{4}$

5 $\dfrac{2}{3}$ 6 $\dfrac{6}{12}$, $\dfrac{4}{8}$, $\dfrac{3}{6}$, $\dfrac{2}{4}$, $\dfrac{1}{2}$

7 $\dfrac{6}{9}$, $\dfrac{2}{3}$ 8 $\dfrac{10}{15}$, $\dfrac{4}{6}$, $\dfrac{2}{3}$

9 $\dfrac{3}{5}$ 10 $\dfrac{12}{18}$, $\dfrac{8}{12}$, $\dfrac{6}{9}$, $\dfrac{4}{6}$, $\dfrac{2}{3}$

11 $\dfrac{8}{24}$, $\dfrac{4}{12}$, $\dfrac{2}{6}$, $\dfrac{1}{3}$ 12 $\dfrac{5}{20}$, $\dfrac{3}{12}$, $\dfrac{1}{4}$

개념 다지기 34쪽

1 예 $\dfrac{2}{4}$, $\dfrac{3}{6}$ 2 예 $\dfrac{4}{6}$, $\dfrac{6}{9}$

3 예 $\dfrac{6}{8}$, $\dfrac{9}{12}$ 4 예 $\dfrac{4}{10}$, $\dfrac{6}{15}$

5 예 $\dfrac{10}{12}$, $\dfrac{15}{18}$ 6 예 $\dfrac{6}{16}$, $\dfrac{9}{24}$

7 예 $\dfrac{3}{6}$, $\dfrac{1}{2}$ 8 예 $\dfrac{6}{18}$, $\dfrac{4}{12}$

9 예 $\dfrac{10}{20}$, $\dfrac{5}{10}$ 10 예 $\dfrac{12}{24}$, $\dfrac{8}{16}$

11 예 $\dfrac{5}{10}$, $\dfrac{1}{2}$ 12 예 $\dfrac{9}{27}$, $\dfrac{3}{9}$

설명해 보세요

$\dfrac{4}{8}$의 분자와 분모를 각각 2, 4로 나누면

$$\dfrac{4}{8}=\dfrac{2}{4}=\dfrac{1}{2}$$

$\dfrac{4}{8}$의 분자와 분모에 각각 2, 3, 4를 곱하면

$$\dfrac{4}{8}=\dfrac{8}{16}=\dfrac{12}{24}=\dfrac{16}{32}$$

개념 키우기 35쪽

도전해 보세요 35쪽

1 $\dfrac{12}{28}$ 2 $\dfrac{16}{24}$, $\dfrac{8}{12}$, $\dfrac{2}{3}$에 ○표

❶ $\frac{3}{7}$과 크기가 같은 분수를 분모가 작은 것
부터 차례로 써 보면

$\frac{3}{7} = \frac{6}{14} = \frac{9}{21} = \frac{12}{28} = \cdots\cdots$ 입니다. 이때

분모와 분자의 합이 40인 분수는 $\frac{12}{28}$입니
다.

❷ 남은 연필의 수 8은 사 온 연필의 수 12의

$\frac{8}{12}$입니다. $\frac{8}{12}$의 분자, 분모에 각각 2를

곱하면 $\frac{16}{24}$이고, 분자, 분모를 각각 4로

나누면 $\frac{2}{3}$입니다.

05 통분하기와 분모가 다른 분수의 크기 비교하기

기억해 볼까요? ………………………………… 36쪽

❶ 6, 12; 6   ❷ >

개념 익히기 ………………………………… 37쪽

❶ $\frac{5}{5}$, $\frac{2}{2}$, $\frac{5}{10}$, $\frac{6}{10}$, <

❷ $\frac{9}{9}$, $\frac{7}{7}$, $\frac{27}{63}$, $\frac{28}{63}$, <

❸ $\frac{13}{13}$, $\frac{8}{8}$, $\frac{39}{104}$, $\frac{40}{104}$, <

❹ $\frac{4}{4}$, $\frac{3}{3}$, $\frac{20}{24}$, $\frac{21}{24}$, <

❺ $\frac{3}{3}$, $\frac{9}{12}$, <

❻ $\frac{16}{16}$, $\frac{9}{9}$, $\frac{64}{144}$, $\frac{63}{144}$, >

개념 다지기 ………………………………… 38쪽

❶ <; $\left(\frac{1}{2}, \frac{2}{3}\right) \to \left(\frac{1\times3}{2\times3}, \frac{2\times2}{3\times2}\right) \to \left(\frac{3}{6}, \frac{4}{6}\right)$

❷ >; $\left(\frac{3}{5}, \frac{4}{7}\right) \to \left(\frac{3\times7}{5\times7}, \frac{4\times5}{7\times5}\right) \to \left(\frac{21}{35}, \frac{20}{35}\right)$

❸ >; $\left(\frac{1}{3}, \frac{2}{7}\right) \to \left(\frac{1\times7}{3\times7}, \frac{2\times3}{7\times3}\right) \to \left(\frac{7}{21}, \frac{6}{21}\right)$

❹ <; $\left(\frac{3}{4}, \frac{4}{5}\right) \to \left(\frac{3\times5}{4\times5}, \frac{4\times4}{5\times4}\right) \to \left(\frac{15}{20}, \frac{16}{20}\right)$

❺ >; $\left(\frac{2}{7}, \frac{1}{4}\right) \to \left(\frac{2\times4}{7\times4}, \frac{1\times7}{4\times7}\right) \to \left(\frac{8}{28}, \frac{7}{28}\right)$

❻ <;
$\left(\frac{5}{6}, \frac{11}{13}\right) \to \left(\frac{5\times13}{6\times13}, \frac{11\times6}{13\times6}\right) \to \left(\frac{65}{78}, \frac{66}{78}\right)$

❼ <; $\left(\frac{3}{8}, \frac{2}{5}\right) \to \left(\frac{3\times5}{8\times5}, \frac{2\times8}{5\times8}\right) \to \left(\frac{15}{40}, \frac{16}{40}\right)$

❽ >;
$\left(\frac{5}{12}, \frac{3}{8}\right) \to \left(\frac{5\times8}{12\times8}, \frac{3\times12}{8\times12}\right) \to \left(\frac{40}{96}, \frac{36}{96}\right)$

❾ >;
$\left(\frac{4}{7}, \frac{8}{15}\right) \to \left(\frac{4\times15}{7\times15}, \frac{8\times7}{15\times7}\right)$
$\to \left(\frac{60}{105}, \frac{56}{105}\right)$

❿ >;
$\left(\frac{7}{8}, \frac{17}{21}\right) \to \left(\frac{7\times21}{8\times21}, \frac{17\times8}{21\times8}\right)$
$\to \left(\frac{147}{168}, \frac{136}{168}\right)$

⓫ >;
$\left(\frac{13}{20}, \frac{7}{12}\right) \to \left(\frac{13\times12}{20\times12}, \frac{7\times20}{12\times20}\right)$
$\to \left(\frac{156}{240}, \frac{140}{240}\right)$

⓬ <;
$\left(\frac{3}{10}, \frac{7}{20}\right) \to \left(\frac{3\times20}{10\times20}, \frac{7\times10}{20\times10}\right)$
$\to \left(\frac{60}{200}, \frac{70}{200}\right)$

개념 다지기 ………………………………… 39쪽

❶ <;
$\left(\frac{3}{4}, \frac{5}{6}\right) \to \left(\frac{3\times3}{4\times3}, \frac{5\times2}{6\times2}\right) \to \left(\frac{9}{12}, \frac{10}{12}\right)$

② $<$;

$$\left(\frac{2}{7},\ \frac{5}{14}\right) \rightarrow \left(\frac{2\times2}{7\times2},\ \frac{5}{14}\right) \rightarrow \left(\frac{4}{14},\ \frac{5}{14}\right)$$

③ $>$;

$$\left(\frac{5}{12},\ \frac{7}{18}\right) \rightarrow \left(\frac{5\times3}{12\times3},\ \frac{7\times2}{18\times2}\right)$$
$$\rightarrow \left(\frac{15}{36},\ \frac{14}{36}\right)$$

④ $>$;

$$\left(\frac{7}{16},\ \frac{9}{24}\right) \rightarrow \left(\frac{7\times3}{16\times3},\ \frac{9\times2}{24\times2}\right)$$
$$\rightarrow \left(\frac{21}{48},\ \frac{18}{48}\right)$$

⑤ $<$;

$$\left(\frac{7}{10},\ \frac{5}{7}\right) \rightarrow \left(\frac{7\times7}{10\times7},\ \frac{5\times10}{7\times10}\right) \rightarrow \left(\frac{49}{70},\ \frac{50}{70}\right)$$

⑥ $>$;

$$\left(\frac{4}{11},\ \frac{5}{14}\right) \rightarrow \left(\frac{4\times14}{11\times14},\ \frac{5\times11}{14\times11}\right)$$
$$\rightarrow \left(\frac{56}{154},\ \frac{55}{154}\right)$$

⑦ $<$; $\left(\frac{1}{4},\ \frac{3}{8}\right) \rightarrow \left(\frac{1\times2}{4\times2},\ \frac{3}{8}\right) \rightarrow \left(\frac{2}{8},\ \frac{3}{8}\right)$

⑧ $<$; $\left(\frac{2}{3},\ \frac{3}{6}\right) \rightarrow \left(\frac{2\times2}{3\times2},\ \frac{5}{6}\right) \rightarrow \left(\frac{4}{6},\ \frac{5}{6}\right)$

⑨ $<$;

$$\left(\frac{11}{24},\ \frac{17}{36}\right) \rightarrow \left(\frac{11\times3}{24\times3},\ \frac{17\times2}{36\times2}\right)$$
$$\rightarrow \left(\frac{33}{72},\ \frac{34}{72}\right)$$

⑩ $>$;

$$\left(\frac{13}{28},\ \frac{25}{56}\right) \rightarrow \left(\frac{13\times2}{28\times2},\ \frac{25}{56}\right) \rightarrow \left(\frac{26}{56},\ \frac{25}{56}\right)$$

⑪ $<$;

$$\left(\frac{5}{11},\ \frac{26}{55}\right) \rightarrow \left(\frac{5\times5}{11\times5},\ \frac{26}{55}\right) \rightarrow \left(\frac{25}{55},\ \frac{26}{55}\right)$$

⑫ $>$;

$$\left(\frac{17}{20},\ \frac{23}{30}\right) \rightarrow \left(\frac{17\times3}{20\times3},\ \frac{23\times2}{30\times2}\right)$$
$$\rightarrow \left(\frac{51}{60},\ \frac{46}{60}\right)$$

개념 다지기 ·········· **40쪽**

① $\frac{4}{13},\ \frac{6}{14}$ **②** $\frac{1}{6},\ \frac{2}{11}$

③ $\frac{2}{3},\ \frac{7}{10},\ \frac{4}{5}$ **④** $\frac{1}{2},\ \frac{6}{11},\ \frac{5}{8}$

⑤ $\frac{19}{24},\ \frac{7}{8},\ \frac{11}{12}$ **⑥** $\frac{5}{12},\ \frac{11}{24},\ \frac{17}{36}$

⑦ $\frac{1}{2},\ \frac{19}{36},\ \frac{5}{9},\ \frac{7}{12}$ **⑧** $\frac{5}{16},\ \frac{1}{3},\ \frac{3}{8},\ \frac{11}{24}$

방법1 분모의 곱을 공통분모로 하여 통분하는 방법

$$\left(\frac{5}{6},\ \frac{8}{9}\right) \rightarrow \left(\frac{5\times9}{6\times9},\ \frac{8\times6}{9\times6}\right) \rightarrow \left(\frac{45}{54},\ \frac{48}{54}\right)$$

방법2 분모의 최소공배수를 공통분모로 하여 통분하는 방법

$$\left(\frac{5}{6},\ \frac{8}{9}\right) \rightarrow \left(\frac{5\times3}{6\times3},\ \frac{8\times2}{9\times2}\right) \rightarrow \left(\frac{15}{18},\ \frac{16}{18}\right)$$

개념 키우기 ·········· **41쪽**

① $\frac{7}{15};\ \frac{5}{12};\ \frac{7}{15}$ **②** $\frac{2}{7};\ \frac{7}{30};\ \frac{7}{30}$

도전해 보세요 ·········· **41쪽**

① 5개 **②** 17개

① 두 분수를 분모 20, 15의 최소공배수인 60
으로 통분하면

$$\frac{7}{20} > \frac{\square}{15} \rightarrow \frac{21}{60} > \frac{4\times\square}{60}$$ 이고

$21 > 4\times\square$ 이므로 $\square$ 안에 들어갈 수 있는
자연수는 1, 2, 3, 4, 5로 모두 5개입니다.

② 세 분수를 분모 5, 25, 10의 최소공배수
인 50으로 통분하면

$$\frac{1}{5} < \frac{\square}{25} < \frac{9}{10} \rightarrow \frac{10}{50} < \frac{2\times\square}{50} < \frac{45}{50}$$ 이고

$10 < 2\times\square < 45$ 이므로 $\square$ 안에 들어갈
수 있는 자연수는 6, 7, 8 …… 22로 모두
17개입니다.

06 약분하기와 기약분수

기억해 볼까요? ⸻ 42쪽

① $\dfrac{3}{3}$, 3   ② $\dfrac{2}{2}$, 8

③ 75   ④ 12

개념 익히기 ⸻ 43쪽

① 3, 1   ② 4, 2

③ 4, 2, 1   ④ 8, 4, 2

⑤ 16, 8, 4   ⑥ 18, 12, 6

⑦ $\dfrac{6}{6}$, $\dfrac{1}{2}$ ⑧ $\dfrac{2}{2}$, $\dfrac{7}{8}$

⑨ $\dfrac{2}{2}$, $\dfrac{8}{11}$ ⑩ $\dfrac{6}{6}$, $\dfrac{1}{4}$

⑪ $\dfrac{18}{18}$, $\dfrac{1}{3}$ ⑫ $\dfrac{24}{24}$, $\dfrac{2}{3}$

개념 다지기 ⸻ 44쪽

① $\dfrac{5}{15}$, $\dfrac{3}{9}$, $\boxed{\dfrac{1}{3}}$ ② $\dfrac{3}{12}$, $\dfrac{2}{8}$, $\boxed{\dfrac{1}{4}}$

③ $\boxed{\dfrac{2}{3}}$ ④ $\boxed{\dfrac{2}{5}}$

⑤ $\dfrac{8}{12}$, $\dfrac{4}{6}$, $\boxed{\dfrac{2}{3}}$ ⑥ $\dfrac{12}{15}$, $\dfrac{8}{10}$, $\boxed{\dfrac{4}{5}}$

⑦ $\dfrac{15}{20}$, $\dfrac{6}{8}$, $\boxed{\dfrac{3}{4}}$ ⑧ $\boxed{\dfrac{5}{8}}$

⑨ $\dfrac{12}{18}$, $\dfrac{8}{12}$, $\dfrac{6}{9}$, $\dfrac{4}{6}$, $\boxed{\dfrac{2}{3}}$

⑩ $\dfrac{9}{27}$, $\dfrac{6}{18}$, $\dfrac{3}{9}$, $\dfrac{2}{6}$, $\boxed{\dfrac{1}{3}}$

⑪ $\boxed{\dfrac{12}{17}}$ ⑫ $\boxed{\dfrac{2}{3}}$

개념 다지기 ⸻ 45쪽

① $\dfrac{1}{6}$ ② $\dfrac{1}{4}$

③ $\dfrac{1}{5}$ ④ $\dfrac{1}{3}$

⑤ $\dfrac{3}{5}$ ⑥ $\dfrac{3}{10}$

⑦ $\dfrac{5}{27}$ ⑧ $\dfrac{2}{7}$

⑨ $\dfrac{1}{5}$ ⑩ $\dfrac{2}{3}$

⑪ $\dfrac{4}{9}$ ⑫ $\dfrac{5}{7}$

개념 다지기 ⸻ 46쪽

① $\dfrac{3}{4}$ ② $\dfrac{2}{5}$

③ $\dfrac{7}{16}$ ④ $\dfrac{3}{5}$

⑤ $\dfrac{5}{12}$ ⑥ $\dfrac{1}{4}$

⑦ $\dfrac{21}{53}$ ⑧ $\dfrac{1}{4}$

⑨ $\dfrac{2}{5}$ ⑩ $\dfrac{5}{9}$

⑪ $\dfrac{7}{12}$ ⑫ $\dfrac{3}{5}$

설명해 보세요

22와 35의 최대공약수가 1뿐이므로 $\dfrac{22}{35}$ 는 기약분수입니다.

개념 키우기 ⸻ 47쪽

① $\dfrac{4}{8}$, $\dfrac{8}{16}$, $\dfrac{12}{24}$ 에 ○표

② $\dfrac{10}{16}$ 에 ○표

③ $\dfrac{5}{7}$, $\dfrac{11}{24}$ 에 ○표

도전해 보세요 ⸻ 47쪽

① $\dfrac{3}{8}$ ② $\dfrac{28}{42}$

❶ 하늘이네 반 남학생은 20명이므로 여학생은 32−20=12(명)입니다. 따라서 여학생은 전체의 $\frac{12}{32}$이고 기약분수로 나타내면 $\frac{3}{8}$입니다.

❷ $\frac{2}{3}$의 분모와 분자에 똑같은 수를 곱해서 크기가 같은 분수를 만들어 보면 $\frac{2}{3}=\frac{4}{6}=\frac{6}{9}=\cdots\cdots$ 입니다. 이때 분모와 분자의 합이 70인 크기가 같은 분수는 $\frac{28}{42}$입니다.

07 (진분수)×(진분수)

기억해 볼까요? ·········· 48쪽

❶ 2 ❷ 3

개념 익히기 ·········· 49쪽

❶ 3, 4, $\frac{1}{12}$ ❷ 1, 3, $\frac{2}{9}$

❸ 3, 6, $\frac{1}{18}$ ❹ $\frac{1}{9}$, $\frac{1}{8}$, $\frac{1}{72}$

❺ $\frac{2}{3}$, $\frac{4}{5}$, $\frac{8}{15}$ ❻ $\frac{2}{5}$, $\frac{3}{5}$, $\frac{6}{25}$

❼ $\frac{1}{2}$, $\frac{3}{4}$, $\frac{3}{8}$ ❽ $\frac{5}{6}$, $\frac{5}{7}$, $\frac{25}{42}$

❾ $\frac{3}{8}$, $\frac{7}{10}$, $\frac{21}{80}$ ❿ $\frac{5}{12}$, $\frac{7}{8}$, $\frac{35}{96}$

개념 다지기 ·········· 50쪽

❶ $\frac{2}{9}$ ❷ $\frac{3}{8}$

❸ $\frac{4}{15}$ ❹ $\frac{5}{24}$

❺ $\frac{12}{35}$ ❻ $\frac{8}{63}$

❼ $\frac{35}{48}$ ❽ $\frac{10}{63}$

❾ $\frac{9}{50}$ ❿ $\frac{30}{77}$

⓫ $\frac{27}{44}$ ⓬ $\frac{8}{65}$

⓭ $\frac{21}{80}$ ⓮ $\frac{8}{45}$

개념 다지기 ·········· 51쪽

❶ 1, 1, $\frac{1}{3}$ ❷ 1, 1, 2, 1, $\frac{1}{2}$

❸ $\frac{1}{15}$ ❹ $\frac{1}{2}$

❺ $\frac{1}{10}$ ❻ $\frac{1}{4}$

❼ $\frac{1}{6}$ ❽ $\frac{3}{8}$

❾ $\frac{1}{6}$ ❿ $\frac{1}{9}$

⓫ $\frac{1}{4}$ ⓬ $\frac{3}{4}$

⓭ $\frac{1}{12}$ ⓮ $\frac{4}{9}$

개념 다지기 ·········· 52쪽

❶ $\frac{1}{2}$ ❷ $\frac{2}{7}$

❸ $\frac{3}{22}$ ❹ $\frac{3}{10}$

❺ $\frac{1}{6}$ ❻ $\frac{3}{8}$

❼ $\frac{1}{4}$ ❽ $\frac{1}{6}$

❾ $\frac{2}{9}$ ❿ $\frac{3}{4}$

⓫ $\frac{15}{28}$ ⓬ $\frac{2}{5}$

⓭ $\frac{9}{20}$ ⓮ $\frac{3}{11}$

설명해 보세요

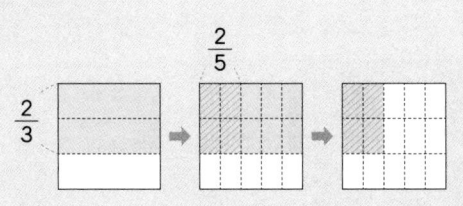

위 그림을 보면 $\frac{2}{3}$는 정사각형을 3등분한 것 중 2이고, $\frac{2}{3}$의 $\frac{2}{5}$는 전체를 15로 똑같이 나눈 것 중의 4이므로 $\frac{2}{3} \times \frac{2}{5} = \frac{4}{15}$ 입니다.

개념 키우기 ············· 53쪽

① ㉠, ㉡, ㉢   ② ㉡, ㉢, ㉠

③ ㉢, ㉡, ㉠   ④ ㉢, ㉡, ㉠

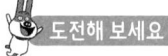

도전해 보세요 ············· 53쪽

① $\frac{3}{5}$ m   ② $\frac{1}{32}$ m²

① 종이띠 $\frac{2}{3}$ m의 $\frac{9}{10}$만큼을 사용해서 딱지를 만들었으므로 딱지를 만드는 데 사용한 종이띠는 $\overset{1}{\underset{1}{\frac{2}{3}}} \times \overset{3}{\underset{5}{\frac{9}{10}}} = \frac{3}{5}$(m)입니다.

② (직사각형의 넓이)=(가로의 길이)×(세로의 길이)이므로 직사각형의 넓이는 $\frac{1}{4} \times \frac{1}{8} = \frac{1}{32}$(m²)입니다.

기억해 볼까요? ············· 54쪽

① $\frac{1}{12}$ ② $\frac{1}{6}$

개념 익히기 ············· 55쪽

① $2\frac{1}{2}$ ② $1\frac{1}{3}$

③ $1\frac{4}{5}$ ④ $4\frac{1}{6}$

⑤ $1\frac{2}{7}$ ⑥ $2\frac{11}{12}$

⑦ $2\frac{10}{13}$ ⑧ $1\frac{1}{5}$

⑨ $1\frac{1}{9}$ ⑩ $5\frac{1}{11}$

⑪ $3\frac{1}{13}$ ⑫ $10\frac{2}{7}$

⑬ $5\frac{5}{8}$ ⑭ $2\frac{6}{13}$

개념 다지기 ············· 56쪽

① 2, 1, 2   ② 1, 2, $1\frac{1}{2}$

③ 5   ④ $2\frac{2}{3}$

⑤ 6   ⑥ $10\frac{1}{2}$

⑦ $1\frac{1}{4}$ ⑧ $3\frac{1}{3}$

⑨ $1\frac{1}{3}$ ⑩ $8\frac{1}{4}$

⑪ $4\frac{1}{2}$ ⑫ $11\frac{1}{3}$

⑬ 40   ⑭ $10\frac{2}{5}$

개념 다지기 ……………………………………… 57쪽

① 2, 1, 6

② 1, 1, 2

③ $2\frac{2}{3}$

④ $2\frac{2}{3}$

⑤ $\frac{1}{3}$

⑥ $\frac{2}{3}$

⑦ 6

⑧ $3\frac{3}{4}$

⑨ $4\frac{1}{2}$

⑩ $3\frac{3}{5}$

⑪ $\frac{2}{3}$

⑫ $8\frac{1}{4}$

⑬ $4\frac{1}{3}$

⑭ $1\frac{2}{3}$

개념 다지기 ……………………………………… 58쪽

① $2\frac{2}{3}$

② $7\frac{1}{2}$

③ $2\frac{1}{4}$

④ $5\frac{1}{3}$

⑤ $8\frac{2}{5}$

⑥ $12\frac{1}{4}$

⑦ $3\frac{3}{4}$

⑧ $1\frac{1}{5}$

⑨ 5

⑩ $9\frac{7}{9}$

⑪ $8\frac{1}{3}$

⑫ 8

⑬ $5\frac{1}{2}$

⑭ $7\frac{1}{2}$

설명해 보세요

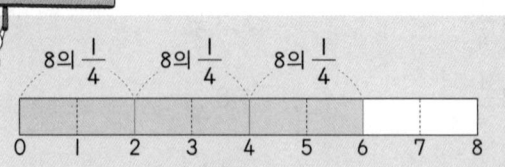

위 그림을 보면 8의 $\frac{1}{4}$ 은 2이고, 8의 $\frac{3}{4}$ 은 8 의 $\frac{1}{4}$ 이 3개 있으므로 6입니다.

따라서 $8 \times \frac{3}{4} = 6$ 입니다.

개념 키우기 ……………………………………… 59쪽

①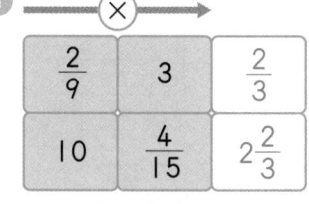

②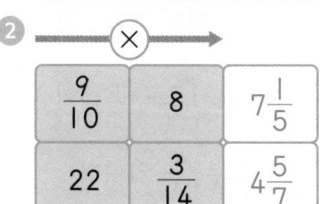

③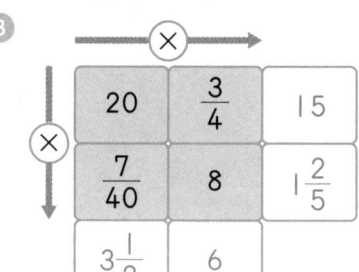

④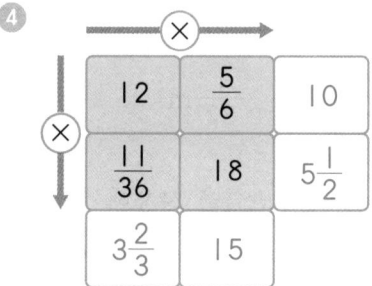

도전해 보세요 ……………………………………… 59쪽

① 4판

② 9명

① 1명이 피자 한 판의 $\frac{1}{8}$ 씩 먹습니다. 32명 이 먹기 위한 피자는 $\frac{1}{8} \times \overset{4}{\underset{1}{32}} = 4$(판)입니다.

② 남학생의 수는 33명 중 $\frac{5}{11}$ 이므로 $\overset{3}{\underset{1}{33}} \times \frac{5}{11} = 15$(명)이고, 안경을 쓴 남학생 의 수는 $\overset{3}{\underset{1}{15}} \times \frac{3}{5} = 9$(명)입니다.

기억해 볼까요? ··· 60쪽

① $2\frac{1}{4}$ ② $1\frac{2}{3}$

개념 익히기 ··· 61쪽

① 4, 2, 1, 8

② 1, 11, 2, $\frac{11}{2}$, $5\frac{1}{2}$

③ 11, 3, 2, $\frac{33}{2}$, $16\frac{1}{2}$

④ 3, 17, 2, $\frac{51}{2}$, $25\frac{1}{2}$

⑤ 5, 20, 1, 3, 20, $\frac{2}{3}$, $20\frac{2}{3}$

⑥ 8, 24, 4, 5, 24, $\frac{28}{5}$, 24, $5\frac{3}{5}$, $29\frac{3}{5}$

개념 다지기 ··· 62쪽

① $11\frac{2}{3}$ ② $4\frac{1}{5}$

③ $7\frac{1}{2}$ ④ $5\frac{1}{4}$

⑤ $5\frac{1}{5}$ ⑥ $2\frac{4}{9}$

⑦ $3\frac{1}{2}$ ⑧ 26

⑨ $11\frac{1}{2}$ ⑩ 17

⑪ $13\frac{1}{3}$ ⑫ $19\frac{1}{2}$

⑬ $40\frac{1}{2}$ ⑭ $22\frac{2}{3}$

개념 다지기 ··· 63쪽

① $3\frac{3}{4}$ ② $6\frac{2}{3}$

③ $3\frac{1}{5}$ ④ $6\frac{3}{7}$

⑤ $9\frac{1}{10}$ ⑥ $7\frac{4}{11}$

⑦ 11 ⑧ 22

⑨ $4\frac{1}{2}$ ⑩ $19\frac{1}{2}$

⑪ $13\frac{3}{4}$ ⑫ $14\frac{1}{4}$

⑬ $37\frac{1}{2}$ ⑭ $34\frac{1}{2}$

개념 다지기 ··· 64쪽

① 28 ② $3\frac{1}{2}$

③ $14\frac{2}{3}$ ④ $34\frac{1}{2}$

⑤ $19\frac{1}{3}$ ⑥ $15\frac{3}{5}$

⑦ $30\frac{3}{5}$ ⑧ 33

⑨ 8 ⑩ $14\frac{1}{2}$

⑪ $19\frac{1}{2}$ ⑫ 54

⑬ $46\frac{1}{2}$ ⑭ $17\frac{1}{4}$

설명해 보세요

방법1 대분수를 가분수로 바꾸어 계산하는 방법

$$2\frac{3}{5}\times3=\frac{13}{5}\times3=\frac{39}{5}=7\frac{4}{5}$$

방법2 대분수의 자연수와 진분수에 자연수를 각각 곱하여 계산하는 방법

$$2\frac{3}{5}\times3=(2\times3)+\left(\frac{3}{5}\times3\right)$$
$$=6+\frac{9}{5}=6+1\frac{4}{5}=7\frac{4}{5}$$

1

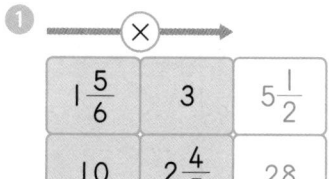

| $1\frac{5}{6}$ | 3 | $5\frac{1}{2}$ |
| 10 | $2\frac{4}{5}$ | 28 |

2

| $2\frac{4}{7}$ | 14 | 36 |
| 8 | $2\frac{5}{8}$ | 21 |

3

15	$1\frac{3}{10}$	$19\frac{1}{2}$
$2\frac{1}{25}$	3	$6\frac{3}{25}$
$30\frac{3}{5}$	$3\frac{9}{10}$	

4

12	$1\frac{5}{16}$	$15\frac{3}{4}$
$2\frac{5}{12}$	24	58
29	$31\frac{1}{2}$	

1 40 kg

2 $9\frac{1}{2}$ m

1 (산이의 몸무게)=(하늘이의 몸무게)$\times 1\frac{1}{7}$

이므로 $35\times 1\frac{1}{7}=\overset{5}{35}\times\frac{8}{\underset{1}{7}}=40$(kg)입니다.

2 (정사각형의 둘레의 길이)

　=(한 변의 길이)$\times 4$이므로

$2\frac{3}{8}\times 4=\frac{19}{\underset{2}{8}}\times\overset{1}{4}=\frac{19}{2}=9\frac{1}{2}$(m)입니다.

---

10 〔대분수〕×〔대분수〕

1 $\frac{1}{4}$

2 $\frac{1}{32}$

1 2, 1, $\frac{16}{5}$, $3\frac{1}{5}$

2 3, 7, 9, 14, 2, 1, $\frac{21}{2}$, $10\frac{1}{2}$

3 3, 17, 9, 2, $\frac{51}{8}$, $6\frac{3}{8}$

4 1, 3, 7, 9, 1, 1, 3

5 1, 9, 7, 1, $\frac{9}{5}$, $1\frac{4}{5}$

6 1, 2, 5, 6, 1, 1, 2

1 2

2 $3\frac{2}{3}$

3 $3\frac{1}{3}$

4 6

5 $4\frac{1}{5}$

6 $4\frac{6}{7}$

7 3

8 $2\frac{8}{9}$

9 3

10 $7\frac{5}{7}$

11 $3\frac{1}{15}$

12 $15\frac{1}{3}$

13 6

14 $6\frac{8}{15}$

1 $2\frac{1}{10}$

2 $4\frac{7}{8}$

3 $8\frac{11}{20}$

4 $4\frac{4}{21}$

⑤ $4\frac{4}{25}$ 　　　⑥ $3\frac{9}{10}$

⑦ $4\frac{1}{12}$ 　　　⑧ $6\frac{3}{4}$

⑨ $5\frac{5}{6}$ 　　　⑩ $8\frac{8}{9}$

⑪ $3\frac{3}{8}$ 　　　⑫ $3\frac{1}{9}$

⑬ $3\frac{17}{20}$ 　　　⑭ $2\frac{4}{9}$

개념 다지기 ·· 70쪽

❶ 2 　　　❷ 2

❸ $\frac{6}{11}$ 　　　❹ $\frac{11}{14}$

❺ 8 　　　❻ 11

❼ $13\frac{1}{3}$ 　　　❽ $4\frac{4}{5}$

❾ $17\frac{1}{4}$ 　　　❿ 16

⓫ $9\frac{1}{3}$ 　　　⓬ $17\frac{1}{2}$

⓭ 20 　　　⓮ $6\frac{3}{8}$

설명해 보세요

대분수를 가분수로 바꾸어 계산하면

$$1\frac{1}{2}\times2\frac{1}{3}=\frac{3}{2}\times\frac{7}{3}=\frac{7}{2}=3\frac{1}{2}$$

개념 키우기 ·· 71쪽

❶
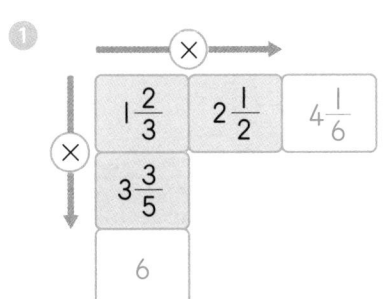

❷
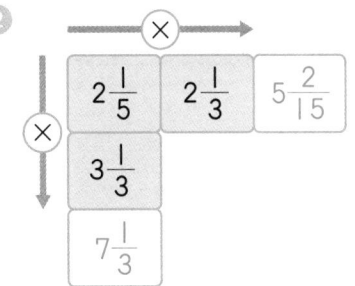

❸
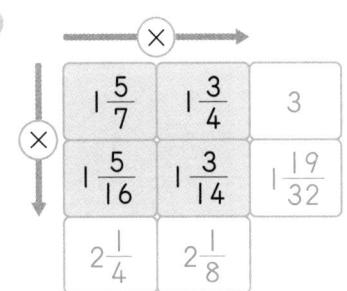

❹
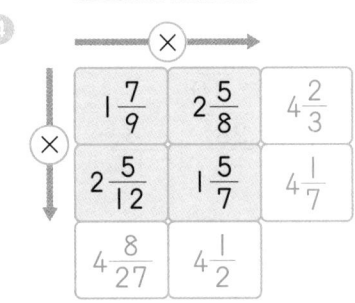

도전해 보세요 ·· 71쪽

❶ $5\frac{5}{6}$ cm² 　　　❷ $21\frac{17}{20}$

❶ (직사각형의 넓이)=(가로의 길이)×(세로의 길이)이므로 직사각형의 넓이는

$$5\frac{1}{4}\times1\frac{1}{9}=\frac{\overset{7}{\cancel{21}}}{\underset{2}{\cancel{4}}}\times\frac{\overset{5}{\cancel{10}}}{\underset{3}{\cancel{9}}}=\frac{35}{6}=5\frac{5}{6}(\text{cm}^2)$$

입니다.

❷ 가장 큰 대분수: $5\frac{3}{4}$

가장 작은 대분수: $3\frac{4}{5}$

$$5\frac{3}{4}\times3\frac{4}{5}=\frac{23}{4}\times\frac{19}{5}=\frac{437}{20}=21\frac{17}{20}$$

8 $6\frac{2}{3}$

기억해 볼까요? ··· 72쪽

1 $\frac{1}{6}$

2 $2\frac{7}{24}$

개념 익히기 ··· 73쪽

1 4, $\frac{1}{8}$, $\frac{3}{40}$

2 $\frac{1}{3}$, $\frac{1}{4}$, $\frac{1}{5}$, $\frac{1}{60}$

3 1, 3, 3, 1, 1, $\frac{2}{5}$, 2, $\frac{3}{10}$

4 1, 1, 1, 2, $\frac{1}{1}$, $\frac{1}{2}$, $\frac{1}{5}$, $\frac{1}{10}$

5 8, 7, 4, 8, 7, 3, 4, $\frac{28}{15}$, 1, $\frac{8}{15}$

6 1, 1, 9, 1, 1, $\frac{1}{3}$

7 1, 1, 5, 4, 2, 1, 1, $\frac{4}{3}$, $1\frac{1}{3}$

개념 다지기 ··· 74쪽

1 1, 2, 4, 8

2 1, 1, 1, 1, $\frac{2}{5}$

3 $\frac{5}{72}$

4 $\frac{5}{16}$

5 $\frac{1}{8}$

6 $\frac{7}{60}$

7 $\frac{1}{4}$

8 $\frac{1}{9}$

개념 다지기 ··· 75쪽

1 2, 1, 8, 3, 5, 1, 1, $\frac{10}{7}$, $1\frac{3}{7}$

2 $\frac{5}{16}$

3 $\frac{4}{15}$

4 $\frac{5}{8}$

5 $1\frac{1}{8}$

6 $4\frac{2}{7}$

7 $7\frac{1}{3}$

개념 다지기 ··· 76쪽

1 2

2 $3\frac{3}{4}$

3 $6\frac{2}{3}$

4 21

5 120

6 44

7 $12\frac{4}{7}$

8 120

설명해 보세요

방법1 앞에서부터 차례로 계산하는 방법

$$2\frac{1}{4}\times\frac{8}{9}\times\frac{3}{4}=\left(\frac{\overset{1}{\cancel{9}}}{4}\times\frac{\overset{2}{\cancel{8}}}{\cancel{9}}\right)\times\frac{3}{4}=\overset{}{2}\times\frac{3}{\cancel{4}}$$

$$=\frac{3}{2}=1\frac{1}{2}$$

방법2 세 분수를 한꺼번에 분모끼리, 분자끼리 계산하는 방법

$$2\frac{1}{4}\times\frac{8}{9}\times\frac{3}{4}=\frac{\overset{1}{\cancel{9}}}{\underset{2}{\cancel{4}}}\times\frac{\overset{2}{\cancel{8}}}{\underset{1}{\cancel{9}}}\times\frac{3}{\cancel{4}}=\frac{3}{2}=1\frac{1}{2}$$

개념 키우기 ··· 77쪽

1 $\frac{3}{4}\times\frac{4}{5}\times\frac{2}{9}$; $\frac{2}{15}$

2 $\frac{5}{6}\times\frac{7}{10}\times8$; $4\frac{2}{3}$

3 $2\frac{1}{5}\times1\frac{5}{22}\times2\frac{2}{9}$; 6

4 $2\frac{1}{6}\times\frac{3}{26}\times10$; $2\frac{1}{2}$

도전해 보세요 ··· 77쪽

1 $\frac{7}{30}$

2 $34\ \text{cm}^2$

① 가을이네 반의 $\frac{1}{2}$ 중의 $\frac{2}{3}$ 중의 $\frac{7}{10}$ 이 태권도를 배운 운동을 좋아하는 남학생입니다.

$$\frac{\overset{1}{\cancel{1}}}{\underset{1}{\cancel{2}}}\times\frac{\overset{1}{\cancel{2}}}{3}\times\frac{7}{10}=\frac{7}{30}$$

② (직사각형의 넓이)=(가로의 길이)×(세로의 길이)이고, 8장을 겹치는 부분 없이 이어 붙였으므로

$$3\frac{1}{2}\times1\frac{3}{14}\times8=\frac{7}{\cancel{2}}\times\frac{17}{\cancel{14}}\times\overset{\overset{2}{\cancel{4}}}{\cancel{8}}=34(\text{cm}^2)$$

입니다.

---

12 (자연수)÷(자연수)의 몫을 분수로 나타내기

기억해 볼까요? ······················ 80쪽

① $\frac{4}{5}$ **②** $\frac{2}{3}$

개념 익히기 ······················ 81쪽

① 예  ; 1   **②** 예 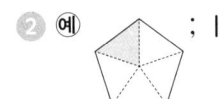 ; 1

③ 예 ; $\frac{1}{6}$

④ 예 ; $\frac{1}{7}$

⑤ 예 ; $\frac{2}{3}$

⑥ 예 ; $\frac{3}{4}$

⑦ $\frac{2}{5}$ **⑧** $\frac{3}{7}$

개념 다지기 ······················ 82쪽

① $\frac{3}{5}$ 　　　　　 **②** $\frac{2}{7}$

③ 3, 1 　　　　　 **④** 2, 1

⑤ $\frac{3}{9}=\frac{1}{3}$ 　　 **⑥** $\frac{4}{6}=\frac{2}{3}$

⑦ $\frac{4}{8}=\frac{1}{2}$ 　　 **⑧** $\frac{2}{10}=\frac{1}{5}$

⑨ $\frac{3}{12}=\frac{1}{4}$ 　 **⑩** $\frac{5}{10}=\frac{1}{2}$

⑪ $\frac{6}{8}=\frac{3}{4}$ 　　 **⑫** $\frac{6}{9}=\frac{2}{3}$

개념 다지기 ······················ 83쪽

① 3, $1\frac{1}{2}$ 　　 **②** $\frac{4}{3}$, $1\frac{1}{3}$

③ $\frac{5}{2}=2\frac{1}{2}$ 　 **④** $\frac{5}{3}=1\frac{2}{3}$

⑤ $\frac{6}{5}=1\frac{1}{5}$ 　 **⑥** $\frac{7}{4}=1\frac{3}{4}$

⑦ 6, $\frac{3}{2}$, $1\frac{1}{2}$ 　 **⑧** 8, $\frac{4}{3}$, $1\frac{1}{3}$

⑨ $\frac{9}{6}=\frac{3}{2}=1\frac{1}{2}$ 　 **⑩** $\frac{14}{4}=\frac{7}{2}=3\frac{1}{2}$

⑪ $\frac{10}{8}=\frac{5}{4}=1\frac{1}{4}$ 　 **⑫** $\frac{12}{9}=\frac{4}{3}=1\frac{1}{3}$

개념 다지기 ······················ 84쪽

① $\frac{6}{4}$, $\frac{3}{2}$, $1\frac{1}{2}$ 　 **②** $\frac{6}{10}$, $\frac{3}{5}$

③ $2\frac{1}{3}$ 　　　　 **④** $\frac{7}{9}$

⑤ $1\frac{3}{5}$ 　　　　 **⑥** $\frac{4}{5}$

⑦ $2\frac{1}{4}$ 　　　　 **⑧** $\frac{3}{4}$

⑨ $1\frac{2}{3}$ 　　　　 **⑩** $\frac{5}{7}$

⑪ $1\frac{1}{2}$ 　　　　 **⑫** $\frac{13}{15}$

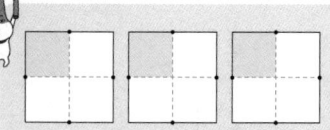

정사각형 3개를 모양과 크기가 같도록 각각 4등분하면 $\frac{1}{4}$이 3개가 됩니다. $\frac{1}{4}$이 3개이면 $\frac{3}{4}$이므로 $3 \div 4 = \frac{3}{4}$입니다.

개념 키우기 ·························· 85쪽

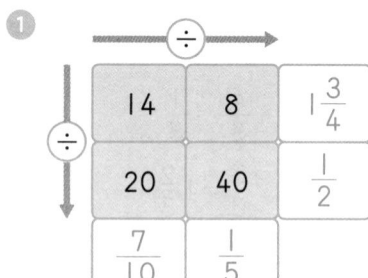

①
÷		
14	8	$1\frac{3}{4}$
20	40	$\frac{1}{2}$
$\frac{7}{10}$	$\frac{1}{5}$	

②
÷		
25	10	$2\frac{1}{2}$
15	12	$1\frac{1}{4}$
$1\frac{2}{3}$	$\frac{5}{6}$	

③
÷		
18	27	$\frac{2}{3}$
12	30	$\frac{2}{5}$
$1\frac{1}{2}$	$\frac{9}{10}$	

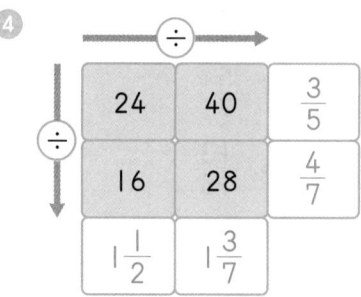

④
÷		
24	40	$\frac{3}{5}$
16	28	$\frac{4}{7}$
$1\frac{1}{2}$	$1\frac{3}{7}$	

① $1\frac{3}{4}$ m   ② 9, 5

① 길이가 7 m인 리본을 똑같이 4조각으로 나누었으므로 $7 \div 4 = \frac{7}{4} = 1\frac{3}{4}$(m)입니다.

② $\square \div \square = 1\frac{4}{5}$에서 $1\frac{4}{5} = \frac{9}{5}$입니다. 나누어지는 수는 분자, 나누는 수는 분모이므로 $\frac{9}{5} = 9 \div 5$입니다.

13 〔분수〕÷〔자연수〕

기억해 볼까요? ·································· 86쪽

① $\frac{5}{8}$ ② $\frac{3}{7}$

개념 익히기 ·································· 87쪽

①  ; $\frac{3}{7}$

② ; $\frac{1}{5}$

③ ; $\frac{4}{9}$

④ ; $\frac{3}{10}$

⑤ 3, 15   ⑥ 2, 12

⑦ 3, 21   ⑧ 2, 16

개념 다지기 ·········· 88쪽

① 2, $\dfrac{2}{7}$

② 6, 3, $\dfrac{2}{7}$

③ $\dfrac{8\div4}{9}=\dfrac{2}{9}$

④ $\dfrac{6\div2}{11}=\dfrac{3}{11}$

⑤ $\dfrac{10\div5}{7}=\dfrac{2}{7}$

⑥ $\dfrac{12\div4}{10}=\dfrac{3}{10}$

⑦ $\dfrac{5}{3}$, 5, 5, 3, $\dfrac{1}{3}$

⑧ $\dfrac{8}{5}$, 8, 2, 5, $\dfrac{4}{5}$

⑨ $\dfrac{10}{7}\div2=\dfrac{10\div2}{7}=\dfrac{5}{7}$

⑩ $\dfrac{12}{7}\div4=\dfrac{12\div4}{7}=\dfrac{3}{7}$

⑪ $\dfrac{9}{4}\div3=\dfrac{9\div3}{4}=\dfrac{3}{4}$

⑫ $\dfrac{12}{5}\div6=\dfrac{12\div6}{5}=\dfrac{2}{5}$

⑨ $\dfrac{2}{7}$

⑩ $\dfrac{3}{8}$

⑪ $1\dfrac{1}{5}$

⑫ $1\dfrac{5}{8}$

설명해 보세요

방법1 분수의 분자를 자연수로 나누어 계산하는 방법

$$\dfrac{8}{9}\div4=\dfrac{8\div4}{9}=\dfrac{2}{9}$$

방법2 ÷(자연수)를 ×$\dfrac{1}{(자연수)}$로 바꾸어 계산하는 방법

$$\dfrac{8}{9}\div4=\dfrac{\overset{2}{8}}{9}\times\dfrac{1}{\underset{1}{4}}=\dfrac{2}{9}$$

개념 다지기 ·········· 89쪽

① 3, 18

② 3, 7

③ $\dfrac{\overset{2}{8}}{7}\times\dfrac{1}{\underset{1}{4}}=\dfrac{2}{7}$

④ $\dfrac{\overset{3}{9}}{8}\times\dfrac{1}{3}=\dfrac{3}{8}$

⑤ $\dfrac{\overset{3}{12}}{5}\times\dfrac{1}{\underset{1}{4}}=\dfrac{3}{5}$

⑥ $\dfrac{5}{9}\times\dfrac{1}{5}=\dfrac{1}{9}$

⑦ $\dfrac{6}{5}$, $\dfrac{1}{3}$, 5

⑧ $\dfrac{8}{7}$, $\dfrac{1}{2}$, 7

⑨ $\dfrac{\overset{3}{9}}{7}\times\dfrac{1}{\underset{1}{3}}=\dfrac{3}{7}$

⑩ $\dfrac{\overset{2}{8}}{3}\times\dfrac{1}{\underset{1}{4}}=\dfrac{2}{3}$

⑪ $\dfrac{11}{7}\times\dfrac{1}{2}=\dfrac{11}{14}$

⑫ $\dfrac{\overset{3}{9}}{4}\times\dfrac{1}{\underset{1}{3}}=\dfrac{3}{4}$

개념 다지기 ·········· 90쪽

① $\dfrac{5}{16}$

② $\dfrac{2}{11}$

③ $\dfrac{9}{20}$

④ $\dfrac{4}{7}$

⑤ $\dfrac{3}{10}$

⑥ $\dfrac{5}{8}$

⑦ $\dfrac{7}{8}$

⑧ $\dfrac{7}{15}$

개념 키우기 ·········· 91쪽

①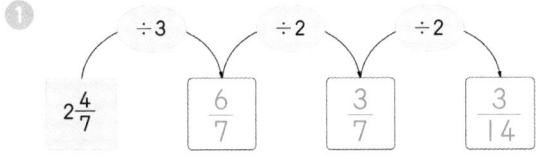

②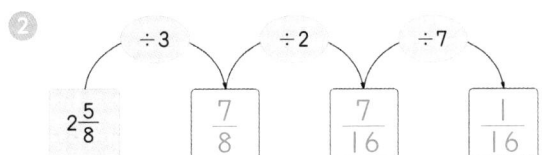

도전해 보세요 ·········· 91쪽

① $5\dfrac{5}{9}$ kg

② $1\dfrac{4}{5}$ kg

① (지구에서 잰 무게)=(달에서 잰 무게)×6 이므로 (달에서 잰 무게)=(지구에서 잰 무게)÷6입니다.

$$33\dfrac{1}{3}\div6=\dfrac{\overset{50}{100}}{3}\times\dfrac{1}{\underset{3}{6}}=\dfrac{50}{9}=5\dfrac{5}{9}(kg)$$

② $10\dfrac{4}{5}\div6=\dfrac{\overset{9}{54}}{5}\times\dfrac{1}{\underset{1}{6}}=\dfrac{9}{5}=1\dfrac{4}{5}(kg)$

14 (자연수)÷(분수)

기억해 볼까요? ···················· 92쪽

① $\dfrac{3}{8}$ ② $\dfrac{2}{7}$

개념 익히기 ···················· 93쪽

① 2, 6 ② 2, 15

③ 2, 3, 12 ④ 4, 5, 10

⑤ 3, 4, 12 ⑥ 2, 3, 15

⑦ 2, 2, $7\dfrac{1}{2}$ ⑧ 5, 5, $3\dfrac{3}{5}$

⑨ 2, $\dfrac{14}{3}$, $4\dfrac{2}{3}$ ⑩ 2, $\dfrac{16}{5}$, $3\dfrac{1}{5}$

⑪ 7, 7, $3\dfrac{3}{7}$ ⑫ 7, $\dfrac{18}{7}$, $2\dfrac{4}{7}$

개념 다지기 ···················· 94쪽

① 2, 3, 9 ② 3, 4, 8

③ 8, 4, 5, 10 ④ 9, 3, 7, 21

⑤ $(10÷5)×6=12$ ⑥ $(12÷4)×5=15$

⑦ $(12÷3)×7=28$ ⑧ $(14÷2)×5=35$

⑨ $(14÷7)×2=4$ ⑩ $(15÷5)×9=27$

⑪ $(16÷4)×11=44$ ⑫ $(16÷8)×13=26$

개념 다지기 ···················· 95쪽

① $\dfrac{4}{3}$, $\dfrac{20}{3}$, $6\dfrac{2}{3}$ ② $\dfrac{5}{4}$, 15, $7\dfrac{1}{2}$

③ $7×\dfrac{3}{5}=\dfrac{21}{5}=4\dfrac{1}{5}$ ④ $\overset{4}{8}×\dfrac{5}{\underset{3}{6}}=\dfrac{20}{3}=6\dfrac{2}{3}$

⑤ $\overset{4}{8}×\dfrac{7}{\underset{3}{6}}=\dfrac{28}{3}=9\dfrac{1}{3}$ ⑥ $7×\dfrac{5}{4}=\dfrac{35}{4}=8\dfrac{3}{4}$

⑦ $\dfrac{10}{3}$, $\dfrac{3}{10}$, $\dfrac{6}{5}$, $1\dfrac{1}{5}$ ⑧ $\dfrac{7}{3}$, $\dfrac{3}{7}$, $\dfrac{18}{7}$, $2\dfrac{4}{7}$

⑨ $5÷\dfrac{7}{2}=5×\dfrac{2}{7}=\dfrac{10}{7}=1\dfrac{3}{7}$

⑩ $7÷\dfrac{12}{5}=7×\dfrac{5}{12}=\dfrac{35}{12}=2\dfrac{11}{12}$

⑪ $8÷\dfrac{8}{3}=\overset{1}{8}×\dfrac{3}{\underset{1}{8}}=3$

⑫ $9÷\dfrac{15}{4}=\overset{3}{9}×\dfrac{4}{\underset{5}{15}}=\dfrac{12}{5}=2\dfrac{2}{5}$

개념 다지기 ···················· 96쪽

① $18\dfrac{1}{3}$ ② 14

③ 16 ④ 4

⑤ $8\dfrac{1}{4}$ ⑥ 9

⑦ 8 ⑧ 4

⑨ 12 ⑩ $12\dfrac{1}{2}$

⑪ $3\dfrac{6}{13}$ ⑫ $3\dfrac{3}{7}$

설명해 보세요

방법1 자연수를 분자로 나누고 분모를 곱하여 계산하는 방법

$6÷\dfrac{3}{5}=(6÷3)×5=10$

방법2 분수의 곱셈으로 바꾸어 계산하는 방법

$6÷\dfrac{3}{5}=\overset{2}{6}×\dfrac{5}{\underset{1}{3}}=10$

개념 키우기 ···················· 97쪽

① ㉢ ② ㉣

도전해 보세요 ···················· 97쪽

① $1\dfrac{1}{8}$ ② 4개

1 어떤 수를 □라고 하면

$$\square \times 5\frac{1}{3}=32,$$

$$32 \div 5\frac{1}{3}=32 \div \frac{16}{3}=\overset{2}{32} \times \frac{3}{\underset{1}{16}}=6$$

□=6이므로 바르게 계산하면

$$6 \div 5\frac{1}{3}=6 \div \frac{16}{3}=\overset{3}{6} \times \frac{3}{\underset{8}{16}}=\frac{9}{8}=1\frac{1}{8}$$

2 $21 \div \frac{3}{5}=\overset{7}{21} \times \frac{5}{\underset{1}{3}}=35$

$$24 \div \frac{3}{7}=\overset{8}{24} \times \frac{7}{\underset{1}{3}}=56$$

$$35 < 15 \div \frac{3}{\square} < 56$$ 이고

$$15 \div \frac{3}{\square}=\overset{5}{15} \times \frac{\square}{\underset{1}{3}}=5 \times \square$$ 이므로

$35 < 5 \times \square < 56$의 조건을 만족하는 자연
수 □=8, 9, 10, 11입니다.
따라서 □ 안에 들어갈 수 있는 자연수는
모두 4개입니다.

5 $\frac{7}{5}, \frac{4}{5}$

6 $\frac{8}{3}, \frac{5}{3}, 1\frac{2}{3}$

7 $\frac{9}{7}, \frac{2}{7}$

8 $\frac{9}{5}, \frac{8}{5}, 1\frac{3}{5}$

개념 다지기 100쪽

1 1, 3, $\frac{1}{3}$ **2** 2, 4, 4, 2

3 2, 5, $\frac{2}{5}$ **4** 3, 5, $\frac{3}{5}$

5 $5 \div 8=\frac{5}{8}$ **6** $2 \div 6=\frac{2}{6}=\frac{1}{3}$

7 $4 \div 3=\frac{4}{3}=1\frac{1}{3}$ **8** $5 \div 8=\frac{5}{8}$

9 $7 \div 9=\frac{7}{9}$

10 $10 \div 6=\frac{10}{6}=\frac{5}{3}=1\frac{2}{3}$

11 $11 \div 3=\frac{11}{3}=3\frac{2}{3}$

12 $12 \div 5=\frac{12}{5}=2\frac{2}{5}$

---

15 분모가 같은 (진분수)÷(진분수)

기억해 볼까요? 98쪽

1 2 **2** $2\frac{1}{2}$

개념 익히기 99쪽

1 2, 2

2 2, 2

3
| $\frac{1}{5}$ | $\frac{1}{5}$ | $\frac{1}{5}$ | $\frac{1}{5}$ | |

; 4

0 $\frac{1}{5}$ $\frac{2}{5}$ $\frac{3}{5}$ $\frac{4}{5}$ 1

4
| $\frac{2}{9}$ | $\frac{2}{9}$ | $\frac{2}{9}$ | $\frac{2}{9}$ | |

; 4

0 $\frac{1}{9}$ $\frac{2}{9}$ $\frac{3}{9}$ $\frac{4}{9}$ $\frac{5}{9}$ $\frac{6}{9}$ $\frac{7}{9}$ $\frac{8}{9}$ 1

개념 다지기 101쪽

1 $\frac{6}{3}, \frac{2}{3}$ **2** $\frac{7}{5}, \frac{3}{5}$

3 $\frac{8}{7}, \frac{5}{7}$ **4** $\frac{9}{7}, \frac{2}{7}$

5 $\frac{3}{10} \times \frac{10}{8}=\frac{3}{8}$ **6** $\frac{1}{10} \times \frac{10}{7}=\frac{1}{7}$

7 $\frac{2}{11} \times \frac{11}{7}=\frac{2}{7}$ **8** $\frac{5}{12} \times \frac{12}{11}=\frac{5}{11}$

9 $\frac{3}{13} \times \frac{13}{10}=\frac{3}{10}$ **10** $\frac{4}{13} \times \frac{13}{9}=\frac{4}{9}$

11 $\frac{11}{14} \times \frac{14}{5}=\frac{11}{5}=2\frac{1}{5}$

⑫ $\dfrac{1\,3}{1\,4} \times \dfrac{1\,4}{3} = \dfrac{1\,3}{3} = 4\dfrac{1}{3}$

개념 다지기 ·· 102쪽

① 3, 1, 3 ② $\dfrac{1}{3}$

③ $1\dfrac{1}{3}$ ④ $\dfrac{3}{5}$

⑤ $2\dfrac{1}{3}$ ⑥ $\dfrac{1}{3}$

⑦ $\dfrac{7}{2}$, 2 ⑧ $\dfrac{3}{4}$

⑨ $1\dfrac{3}{4}$ ⑩ $\dfrac{1}{2}$

⑪ $2\dfrac{1}{5}$ ⑫ $\dfrac{2}{3}$

설명해 보세요

방법1 분자끼리 나누어 계산하는 방법

$\dfrac{6}{7} \div \dfrac{4}{7} = 6 \div 4 = \dfrac{\overset{3}{\cancel{6}}}{\underset{2}{\cancel{4}}} = \dfrac{3}{2} = 1\dfrac{1}{2}$

방법2 분수의 곱셈으로 바꾸어 계산하는 방법

$\dfrac{6}{7} \div \dfrac{4}{7} = \dfrac{\overset{3}{\cancel{6}}}{\underset{1}{\cancel{7}}} \times \dfrac{\overset{1}{\cancel{7}}}{\underset{2}{\cancel{4}}} = \dfrac{3}{2} = 1\dfrac{1}{2}$

개념 키우기 ·· 103쪽

① > ② <

③ < ④ =

⑤ < ⑥ <

⑦ < ⑧ <

도전해 보세요 ·· 103쪽

① 5명 ② $\dfrac{7}{8} \div \dfrac{3}{8}$

① $\dfrac{10}{13}$ L를 $\dfrac{2}{13}$ L씩 나누어 주면

$\dfrac{10}{13} \div \dfrac{2}{13} = \dfrac{\overset{5}{\cancel{10}}}{\underset{1}{\cancel{13}}} \times \dfrac{\overset{1}{\cancel{13}}}{\underset{1}{\cancel{2}}} = 5$(명)에게 나누

어 줄 수 있습니다.

② 7÷3을 이용하여 계산할 수 있으므로 분수의 나눗셈식에서 두 분수의 분자는 7과 3입니다.

분모가 9보다 작은 진분수의 나눗셈이며 두 분수의 분모가 같으므로 분모가 될 수 있는 수는 8뿐입니다. 만약 분모가 7이라 면 $\dfrac{7}{7} \div \dfrac{3}{7}$이 되어 (가분수)÷(진분수)가 됩니다.

따라서 $\dfrac{7}{8} \div \dfrac{3}{8}$입니다.

⑯ 분모가 다른 (진분수)÷(진분수)

기억해 볼까요? ·· 104쪽

① 3 ② $\dfrac{4}{5}$

개념 익히기 ·· 105쪽

① 2 ② 6

③ 3, 2, 3, 2, $\dfrac{3}{2}$, $1\dfrac{1}{2}$

④ $\dfrac{6}{10}$, $\dfrac{1}{10}$, 6, 1, 6

⑤ $\dfrac{5}{8}$, $\dfrac{6}{8}$, 5, 6, $\dfrac{5}{6}$

⑥ 3, 2, $\dfrac{2}{3}$ ⑦ $\dfrac{5}{8}$, $\dfrac{6}{5}$, $\dfrac{3}{4}$

⑧ $\dfrac{2}{9}$, $\dfrac{5}{4}$, $\dfrac{5}{18}$ ⑨ $\dfrac{5}{12}$, $\dfrac{8}{7}$, $\dfrac{10}{21}$

1. $\frac{4}{6}$, $\frac{5}{6}$, 4, 5, $\frac{4}{5}$

2. $\frac{4}{12}$, $\frac{3}{12}$, 4, 3, $\frac{4}{3}$, $1\frac{1}{3}$

3. $\frac{8}{10}$, $\frac{5}{10}$, 8, 5, $\frac{8}{5}$, $1\frac{3}{5}$

4. $\frac{6}{15} \div \frac{10}{15} = 6 \div 10 = \frac{\overset{3}{\cancel{6}}}{\underset{5}{\cancel{10}}} = \frac{3}{5}$

5. $\frac{6}{21} \div \frac{7}{21} = 6 \div 7 = \frac{6}{7}$

6. $\frac{9}{12} \div \frac{10}{12} = 9 \div 10 = \frac{9}{10}$

7. $\frac{4}{8} \div \frac{5}{8} = 4 \div 5 = \frac{4}{5}$

8. $\frac{4}{9} \div \frac{6}{9} = 4 \div 6 = \frac{\overset{2}{\cancel{4}}}{\underset{3}{\cancel{6}}} = \frac{2}{3}$

9. $\frac{10}{24} \div \frac{9}{24} = 10 \div 9 = \frac{10}{9} = 1\frac{1}{9}$

10. $\frac{15}{20} \div \frac{8}{20} = 15 \div 8 = \frac{15}{8} = 1\frac{7}{8}$

11. $\frac{20}{24} \div \frac{9}{24} = 20 \div 9 = \frac{20}{9} = 2\frac{2}{9}$

1. $\frac{3}{2}$, $\frac{6}{7}$

2. $\frac{5}{2}$, $\frac{10}{11}$

3. $\frac{3}{2}$, $\frac{5}{4}$, $1\frac{1}{4}$

4. $\frac{15}{4}$, $\frac{15}{14}$, $1\frac{1}{14}$

5. $\frac{\overset{1}{\cancel{5}}}{8} \times \frac{11}{\underset{2}{\cancel{10}}} = \frac{11}{16}$

6. $\frac{\overset{1}{\cancel{5}}}{\underset{7}{\cancel{14}}} \times \frac{\overset{6}{\cancel{12}}}{\underset{1}{\cancel{5}}} = \frac{6}{7}$

7. $\frac{3}{4} \times \frac{5}{2} = \frac{15}{8} = 1\frac{7}{8}$

8. $\frac{7}{\underset{4}{\cancel{12}}} \times \frac{\overset{3}{\cancel{9}}}{5} = \frac{21}{20} = 1\frac{1}{20}$

9. $\frac{9}{\underset{4}{\cancel{16}}} \times \frac{\overset{3}{\cancel{12}}}{5} = \frac{27}{20} = 1\frac{7}{20}$

10. $\frac{9}{\underset{5}{\cancel{10}}} \times \frac{\overset{7}{\cancel{14}}}{\underset{1}{\cancel{3}}} = \frac{21}{5} = 4\frac{1}{5}$

11. $\frac{\overset{2}{\cancel{8}}}{\underset{5}{\cancel{15}}} \times \frac{\overset{3}{\cancel{9}}}{\underset{1}{\cancel{4}}} = \frac{6}{5} = 1\frac{1}{5}$

12. $\frac{5}{\underset{3}{\cancel{18}}} \times \frac{\overset{4}{\cancel{24}}}{\underset{3}{\cancel{15}}} = \frac{4}{9}$

1. $1\frac{1}{9}$ 2. $\frac{4}{9}$

3. $\frac{27}{35}$ 4. $\frac{20}{21}$

5. $\frac{16}{35}$ 6. $2\frac{1}{2}$

7. $\frac{2}{3}$ 8. $1\frac{5}{9}$

9. $1\frac{4}{11}$ 10. 1

11. $2\frac{5}{8}$ 12. $2\frac{2}{7}$

설명해 보세요

방법1 통분한 후 분자끼리 나누어 계산하는 방법

$$\frac{3}{4} \div \frac{5}{8} = \frac{6}{8} \div \frac{5}{8} = \frac{6}{5} = 1\frac{1}{5}$$

방법2 분수의 곱셈으로 바꾸어 계산하는 방법

$$\frac{3}{4} \div \frac{5}{8} = \frac{3}{\underset{1}{\cancel{4}}} \times \frac{\overset{2}{\cancel{8}}}{5} = \frac{6}{5} = 1\frac{1}{5}$$

1. $1\frac{1}{3}$ 2. $2\frac{1}{4}$

3. $1\frac{1}{3}$ 4. $1\frac{1}{44}$

❶ l

❷ $\frac{3}{4}$ m

❶ $\frac{2}{3} \div \frac{3}{4} = \frac{2}{3} \times \frac{4}{3} = \frac{8}{9}$

$\frac{3}{4} \div \frac{2}{3} = \frac{3}{4} \times \frac{3}{2} = \frac{9}{8} = 1\frac{1}{8}$

$\frac{8}{9} < \square < 1\frac{1}{8}$ 을 만족하는 $\square$ 안에 알맞은 자연수는 l입니다.

❷ (직사각형의 넓이)=(가로의 길이)×(세로의 길이)이므로 (가로의 길이)=(직사각형의 넓이)÷(세로의 길이)입니다.

$$\frac{3}{10} \div \frac{2}{5} = \frac{3}{\underset{2}{10}} \times \frac{\overset{1}{5}}{2} = \frac{3}{4}\text{(m)}$$

---

⑰ 대분수가 있는 분수의 나눗셈

기억해 볼까요? 110쪽

❶ $1\frac{1}{9}$

❷ $\frac{5}{6}$

개념 익히기 111쪽

❶ 5, 3, 20, 9, 20, 9, $\frac{20}{9}$, $2\frac{2}{9}$

❷ 5, 5, 8, 5, 8, $\frac{5}{8}$

❸ 5, 7, 20, 21, 20, 21, $\frac{20}{21}$

❹ 7, $\frac{5}{7}$, $\frac{5}{14}$

❺ 5, $\frac{3}{5}$, $\frac{6}{5}$, $1\frac{1}{5}$

❻ 7, 5, 7, $\frac{3}{5}$, $\frac{21}{10}$, $2\frac{1}{10}$

❼ 13, 7, 13, $\frac{4}{7}$, $\frac{52}{35}$, $1\frac{17}{35}$

개념 다지기 112쪽

❶ 7, 21, $\frac{10}{15}$, 21, 10, $\frac{21}{10}$, $2\frac{1}{10}$

❷ 11, 12, $\frac{55}{20}$, 12, 55, $\frac{12}{55}$

❸ 7, 7, $\frac{8}{2}$, 7, 8, $\frac{7}{8}$

❹ $\frac{13}{4} \div \frac{1}{4} = 13 \div 1 = 13$

❺ $\frac{7}{5} \div 2 = \frac{7}{5} \div \frac{10}{5} = 7 \div 10 = \frac{7}{10}$

❻ $\frac{5}{8} \div \frac{10}{9} = \frac{45}{72} \div \frac{80}{72} = 45 \div 80 = \frac{\overset{9}{45}}{\underset{16}{80}} = \frac{9}{16}$

❼ $6 \div \frac{9}{8} = \frac{48}{8} \div \frac{9}{8} = 48 \div 9 = \frac{\overset{16}{48}}{\underset{3}{9}} = \frac{16}{3} = 5\frac{1}{3}$

❽ $\frac{22}{9} \div \frac{6}{9} = 22 \div 6 = \frac{\overset{11}{22}}{\underset{3}{6}} = \frac{11}{3} = 3\frac{2}{3}$

❾ $\frac{120}{5} \div \frac{12}{5} = 120 \div 12 = 10$

개념 다지기 113쪽

❶ 11, 5, 11, $\frac{3}{5}$, $\frac{33}{35}$

❷ 7, 7, 7, $\frac{4}{7}$, $\frac{4}{3}$, $1\frac{1}{3}$

❸ $\frac{13}{9} \div \frac{7}{2} = \frac{13}{9} \times \frac{2}{7} = \frac{26}{63}$

❹ $\frac{16}{7} \div \frac{12}{5} = \frac{16}{7} \times \frac{5}{\underset{3}{12}} = \frac{20}{21}$

❺ $\frac{9}{2} \div \frac{11}{4} = \frac{9}{\underset{1}{2}} \times \frac{\overset{2}{4}}{11} = \frac{18}{11} = 1\frac{7}{11}$

❻ $\frac{10}{9} \div \frac{20}{9} = \frac{\overset{1}{10}}{\underset{1}{9}} \times \frac{\overset{1}{9}}{\underset{2}{20}} = \frac{1}{2}$

❼ $\frac{17}{3} \div \frac{29}{6} = \frac{17}{\underset{1}{3}} \times \frac{\overset{2}{6}}{29} = \frac{34}{29} = 1\frac{5}{29}$

❽ $\frac{7}{5} \div \frac{21}{4} = \frac{\overset{1}{7}}{5} \times \frac{4}{\underset{3}{21}} = \frac{4}{15}$

$$⑨ \frac{7}{4} \div \frac{35}{8} = \frac{\overset{1}{\cancel{7}}}{4} \times \frac{\overset{2}{\cancel{8}}}{\underset{5}{\cancel{35}}} = \frac{2}{5}$$

$$⑩ \frac{25}{4} \div \frac{25}{7} = \frac{25}{4} \times \frac{7}{\underset{1}{\cancel{25}}} = \frac{7}{4} = 1\frac{3}{4}$$

개념 다지기 ·· 114쪽

① $3\frac{1}{3}$　　② $\frac{3}{16}$

③ $3\frac{1}{3}$　　④ $\frac{17}{18}$

⑤ $2\frac{10}{21}$　　⑥ $\frac{3}{5}$

⑦ $\frac{2}{3}$　　⑧ $\frac{7}{9}$

⑨ 12　　⑩ $1\frac{2}{75}$

설명해 보세요

방법1 통분한 후 분자끼리 나누어 계산하는 방법

$$1\frac{1}{4} \div \frac{2}{5} = \frac{5}{4} \div \frac{2}{5} = \frac{25}{20} \div \frac{8}{20} = 25 \div 8$$
$$= \frac{25}{8} = 3\frac{1}{8}$$

방법2 분수의 곱셈으로 바꾸어 계산하는 방법

$$1\frac{1}{4} \div \frac{2}{5} = \frac{5}{4} \div \frac{2}{5} = \frac{5}{4} \times \frac{5}{2} = \frac{25}{8} = 3\frac{1}{8}$$

개념 키우기 ·· 115쪽

① ㉠, ㉢, ㉣, ㉡　　② ㉢, ㉣, ㉠, ㉡

도전해 보세요 ·· 115쪽

① 2상자　　② $\frac{3}{5}$

① 수확한 귤 $6\frac{4}{5}$ kg을 한 상자에 $2\frac{2}{5}$ kg씩 나누어 담아야 하므로

$$6\frac{4}{5} \div 2\frac{2}{5} = \frac{34}{5} \div \frac{12}{5} = 34 \div 12 = \frac{\overset{17}{\cancel{34}}}{\underset{6}{\cancel{12}}}$$

$$= \frac{17}{6} = 2\frac{5}{6}(상자)에 나누어 담을 수 있습$$

니다. $2\frac{5}{6}$상자에서 $\frac{5}{6}$상자는 팔 수 없으므로 팔 수 있는 상자 수는 2상자입니다.

$$② \left(3 \times \frac{2}{4}\right) \div \left(3 - \frac{2}{4}\right) = \frac{6}{4} \div 2\frac{2}{4} = \frac{6}{4} \div \frac{10}{4}$$

$$= 6 \div 10 = \frac{\overset{3}{\cancel{6}}}{\underset{5}{\cancel{10}}} = \frac{3}{5}$$

18 세 수의 곱셈과 나눗셈

기억해 볼까요? ·· 116쪽

① $\frac{3}{4}$　　② $1\frac{1}{15}$

개념 익히기 ·· 117쪽

① $1, 1, \frac{1}{9}$

② $\frac{5}{3}, 1, \frac{1}{4}$

③ $3, 4, \frac{5}{3}, 1\frac{2}{3}$

④ $20, 6, 7, \frac{28}{3}, 9\frac{1}{3}$

⑤ $2, \frac{1}{2}, \frac{4}{5}$

⑥ $12, 14, \frac{1}{6}, 4$

⑦ $\frac{1}{7}, 4, \frac{1}{2}$

⑧ $12, \frac{1}{8}, 15, \frac{9}{2}, 4\frac{1}{2}$

개념 다지기 ·· 118쪽

❶ 1, 1, $\dfrac{1}{48}$ 　　❷ $\dfrac{1}{144}$

❸ $\dfrac{1}{10}$ 　　❹ $\dfrac{3}{4}$

❺ $\dfrac{3}{4}$ 　　❻ $2\dfrac{1}{16}$

❼ $\dfrac{3}{4}$ 　　❽ $4\dfrac{1}{5}$

개념 다지기 ·· 119쪽

❶ 2, $\dfrac{1}{8}$, $\dfrac{1}{5}$ 　　❷ $\dfrac{3}{14}$

❸ $2\dfrac{6}{7}$ 　　❹ $33\dfrac{1}{3}$

❺ $\dfrac{3}{7}$ 　　❻ $4\dfrac{1}{2}$

❼ $\dfrac{1}{30}$ 　　❽ $\dfrac{1}{4}$

개념 다지기 ·· 120쪽

❶ 5, $\dfrac{10}{3}$, $\dfrac{25}{21}$, $1\dfrac{4}{21}$　❷ $4\dfrac{9}{10}$

❸ $3\dfrac{3}{5}$ 　　❹ $1\dfrac{1}{3}$

❺ $\dfrac{1}{6}$ 　　❻ $1\dfrac{1}{4}$

설명해 보세요

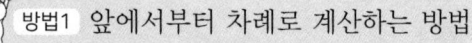

방법1 앞에서부터 차례로 계산하는 방법

$$\dfrac{2}{3}\div 4\times 2\dfrac{1}{2}=\dfrac{\overset{1}{2}}{3}\times\dfrac{1}{\underset{2}{4}}\times 2\dfrac{1}{2}=\dfrac{1}{6}\times\dfrac{5}{2}=\dfrac{5}{12}$$

방법2 나눗셈을 곱셈으로 나타낸 후 한꺼번에 계산하는 방법

$$\dfrac{2}{3}\div 4\times 2\dfrac{1}{2}=\dfrac{\overset{1}{2}}{3}\times\dfrac{1}{4}\times\dfrac{5}{\underset{1}{2}}=\dfrac{5}{12}$$

개념 키우기 ·· 121쪽

도전해 보세요 ·· 121쪽

❶ $14\dfrac{2}{5}$ cm² 　　❷ 1시간 30분

❶ (마름모의 넓이)=(한 대각선의 길이)×
(다른 대각선의 길이)÷2입니다.

$$6\times 4\dfrac{4}{5}\div 2=6\times\dfrac{\overset{12}{24}}{5}\times\dfrac{1}{\underset{1}{2}}=\dfrac{72}{5}$$
$$=14\dfrac{2}{5}(\text{cm}^2)$$

❷ 30분=$\dfrac{1}{2}$시간이므로 수호가 1시간 동안
간 거리는

$$10\dfrac{4}{5}\div\dfrac{1}{2}=\dfrac{54}{5}\times 2=\dfrac{108}{5}=21\dfrac{3}{5}(\text{km})$$

입니다.

$32\dfrac{2}{5}$ km를 가는 데 걸리는 시간은

$$32\dfrac{2}{5}\div 21\dfrac{3}{5}=\dfrac{162}{5}\div\dfrac{108}{5}=162\div 108$$
$$=\dfrac{\overset{3}{162}}{\underset{2}{108}}=\dfrac{3}{2}=1\dfrac{1}{2}(\text{시간})$$

이므로 1시간 30분입니다.

축하해요.
분수의 곱셈과
나눗셈을
마스터했어요.